竜宮の謎III

*The Enigma of The Ryukyu*

# 神々の爪痕《つめあと》

続々と見つかる「神々による創造」の証拠!

谷口光利
*Buja Taniguchi*

北谷・砂辺の城壁

たま出版

直線と直角で構成された遺構。与那国島の“海底遺跡”（第１章）

飛鳥の石舞台を連想させる宮古島の「石舞台」。巨石が４本の細い石柱に支えられている（第２章）

石垣島の大浜海岸にある奇岩。下方は石灰岩になっている（第２章）

久米島のヤジャーガマにある２本の不思議な“石柱”。手前の石柱（中央）には接合面が見られる（第４章）

石垣島の御神崎沖にあるイノシナの神が乗せたといわれる「プナリのツブル石」（第2章）

宮古島の島尻集落で古くから行われている祭り
泥んこになって走り回る「パーントゥ」（第6章）

# 前２著のあらすじ

近年、琉球列島各地にある不思議な海底地形が世界的にも注目されるようになってきた。その中の一つである慶良間《ケラマ》諸島の南端には、センターサークルやストンサークル（石が幾何学的な形に並んだもの）が存在する地域がある。その地形は１９７７年頃に私が偶然発見したもので、１９９４年には私を含む５人の調査隊が入り、この海底遺跡のある地域を再確認するに至ったのである。

この調査に入ったきっかけと、その調査の後に起こった不思議な一連の出来事については、『竜宮の謎』に詳しく書いたが、『竜宮の謎』『竜宮の謎Ⅱ』を読んでいない読者もおられると思うので、本書のはじめに前２著のあらすじを書いておきたい。

始まりは、私がある知人に「慶良間の海底で不思議な地形を見た」と話したことだった。そこから摩訶不思議な出来事が連続的に起こるようになったのだ。まず、その知人が夜な夜な不思議な夢に悩まされ始める。

その不思議な夢とは、真っ暗やみの中で、どこの国の言葉だかは分からないものの、「オマエガアゲロ！」と言われているのがなんとなく理解できたのだとその知人は言う。しかも、まったく同じ夢が毎日のように続いたのだそうだ。何日目かに知人は、私から聞いた慶良間のことをふと思い出し、次の日の夢の中でそのことを尋ねたら、「ソウダ」という返事が返ってきたのだという。

それから数ヶ月後の1994年（平成6年）6月27日に、慶良間の海底遺跡調査が始まり、最初の発見からおよそ18年ぶりの再発見に至ることになるのだが、この調査の始まる3ヶ月ほど前に、現在の家を建築するときにも不思議なことが起こった。

地鎮祭用に使う竹を切りに行ったときのこと、私たちの足元から起こった竜巻が、その一帯の枯れ葉を舞い上げて直径50ｍほどもある球形となったかと思うと、私たちの上空でおよそ5分間も滞空するという珍しい現象が起きたのだ。しかも、その場所は聖地とされているところで、今考えれば、その不思議な海底地形が発見されることになることの前兆だったような気がしないでもない。

そして慶良間の海底遺跡の再発見があり、調査を終えた6月30日の夕方、私は心臓部の激しいショックと共に倒れ、およそ10分ほども意識をなくしてしまったのである。

その後の私の身体には変調と言っていい不思議なことが次々に起こっていた。上半身には移動する大きな斑点ができたり、海に飛び込んだ瞬間に首が締め付けられるような感じがしたり、身体のあちこちに鈍痛のようなものが走ったりした。この不可解な体調異変の原因を、当時診察を受けた病院の医師では解明できなかったので、私は特殊な能力をもつという複数の霊媒者（ユタ——霊能者あるいは呪術者のことで、沖縄では比較的多く存在する。多くの人が何かあると彼らに相談したりするように、沖縄では生活に密着した存在）を頼ることにした。そして初めてそういう人たちの存在を目の当たりにした私は、彼女たちの不思議な能力を見せ付けられることになる。

霊媒を信じない方もいるかもしれないが、近くに住む霊媒者の一人は、私に「海底の石を動かしたか？」とか「凄い発見であるがお金にしてはならない、最後までちゃんとやれ！」などと言ってくれたりした。その核心を突く鋭い質問や言葉にふれて以降、私はユタの言葉を信じることにしたのだった。

また、別のユタには「入ってはならないとされる聖地に入ったのが原因だろう」と言われたこともあった。私はその言葉も信じてきた。

ところで慶良間の島々には、村落の祭祀を行う聖地であり遥拝所でもある〝御嶽《ウタキ》〟と呼ばれる場所が無数にあるが、それらの鳥居のほとんどすべての方角が海底遺跡のあるトム・モーヤの方を向いていることに気づいた私は、御嶽の存在やその向きなどにも意味が含まれているのではないかと思うようになった。

また、この不思議な海底遺跡のある地域を「UFOポイント」と呼んでいる人がいた。私の知人であり、阿嘉島でダイビングサービスをしている川井氏である。川井氏は、ここへ来る度にUFOや不思議な現象をよく見たので、そう名づけたのだそうだ。決して面白半分で付けたポイント名ではないという。

一見何の関連性もないように思われるかもしれないが、「海底遺跡とUFO」は、実はこの後で深く関わりをもってくるようになる。私はこれまで一度もUFOを見たことがなかったが、海底遺跡の調査を始めるようになってからは、今日までの5年ほどの間に6回も見ることになった。後述するが、中でも最近広島で見た4つのUFOには深い意味がありそうな気がしてならない。

一方で、調査をまとめた写真類やVTRを各界の専門家たちに送ったりもしたし、学者と一緒に潜ってその地形を見ていただいたりもしたが、依然として人を説得できるほどの回答がないままに、虚しく月日は流れて行った。

そうして調査プロジェクトは自然に消滅していき、各局のテレビなどの放映も虚しく消沈して行く中、私はある一人のユタの顔を思い浮かべていた。宮古の池間島出身で、現在は沖縄本島の沖縄市に住む比嘉芳子さんである。どこの誰それとも聞いていなかったのに、ここでも奇遇とも言えることが起こることになる。探し始めたその日に、しかもそれ以前に初めて会ったまさに同じ場所で、彼女と再会することができたのである。

早速私は慶良間の海底遺跡の写真を見せ、「これが何だか分かりますか？」と聞いた。すると、彼女は顔をしかめるようにしてしゃべり始めたのだった。

「神々の科学の場所である。神々が様々な生物や人間を創造した科学の場所である…」と彼女が何度も何度もしつこいほどに〝科学〟という言葉を使ったのを、私は今でも忘れることができない。

しかしそのときの私は、最後の頼みの綱だった比嘉さんの言う言葉の意味が理解できず、正直に告白すれば、この人を頼ったことを後悔さえしていたのだった。そして私や一緒に調査をした人たちの海底遺跡に関するロマンもその時点で幕を閉じた、かに思えたのである。

一度は何もかも行き詰まったかのように思えた。ところがたった一枚のハガキによって、思いもよらぬところから再展開が始まったのだ。

それは、遺跡発見の熱も冷めてしまった頃の話で、始まりは私の家の窓の隙間から一枚のハガキが飛び込んできたことだった。それは近くの図書館から私の子供宛てに届けられたもので、「借りた本を返してほしい」という内容だった。

今考えれば、たった一枚のこのハガキが、私の生き方と考え方を大きく変えてしまうことになったのだから、まさに運命的なハガキだったと言える。
2階の子供部屋を探してやっと見つけたその本の表紙には、UFOと、そして小人のように小さな人間が描かれていた。一見してSFものかと思ったが、表紙カバーの折り返し部分に書かれていたわずか数行の文章を読んだ私は、脳天に強い衝撃を受けてしまったのだった。
そこには、このように書かれていた。

『神も霊魂も存在しない！　遠い昔、人間は他の惑星から来た人々〝エロヒム〟によって実験室で科学的に創造された。ヘブライ語で書かれた聖書の原典では、この〝エロヒム〟という言葉は「天空より飛来した人々」の意味で複数形で使われている。しかし、後の聖書では唯一〝神〟（God）と誤訳されてしまった。モーゼ・仏陀・イエス・マホメッド等偉大な預言者はエロヒムのメッセンジャーであった。1946年からわれわれはアポカリプスの時代にいる。アポカリプスとは、ギリシャ語で「真実の啓示」という意味である』

たったこれだけの文章で、それこそ私は目もくらむほどの衝撃を受けたのである。というのも、そこに書かれていたことは、2ヶ月ほど前に霊媒者の比嘉芳子さんから聞かされた、慶良間の海底遺跡についての言葉、「神が生命の創造をした科学の場所だ」という話とあまりにも合致していたからだ。

その本にはたくさんの、まさに驚くべき〝真実〟が、いとも簡単に明快に書かれていた。ところが本を読み終えて、そのハガキに書いてある「返却日」を見た私は、さらに驚いてしまった。

その本には「真実の啓示」を意味する「アポカリプスの時代」の幕開けが、1945年の8月6日——つまりわれわれ日本人にとっては忘れることのできない日、広島に初めて原爆が投下された日——に始まったのだと書かれていたが、なんと本を返すべき日が「8月6日」だったのである！　そこから子供がその本を借りた日をさかのぼると、3年近くもその本『真実を告げる書』は我が家で眠っていたことになる。単なる偶然にしてはできすぎてはいないだろうか。なお、現在の新しい版のカバーには右記の文章は書かれていない。

この本を読んで以来、海底遺跡と呼ばれている地形の不思議とエロヒムとの関連性を検証するようになった私は、まったく別の視野から海底の不思議な地形の数々を見つめることができるようになったのである。

海底遺跡に興味をもっている人たちの多くには、それは遠い昔に沈んだ大陸の一部だったのではないか、という期待感があるはずだ。ある学者が唱えているように「ムー大陸」ではないかと期待している人々もいると思うが、海底遺跡を再発見した当時の私の頭の中にもそのことがよぎった。なんせ、当時建築中だったペンションの名前を「MU（ムー）」と名づけてしまったほどなのだから…。

しかし、私は確信することができた。慶良間の海底遺跡が「神が生命の創造をした科学の場所だ」という比嘉さんの言葉と、『真実を告げる書』にある「遠い昔、人間は他の惑星から来た人々〝エロヒム〟によって実験室で科学的に創造された」という〝真実〟の言葉を受け入れることができなかったならば、私には海底遺跡の謎も解けなかっただろうし、何冊もの本を書くこともなかっただろうと思っている。

『真実を告げる書』は、1973年12月13日に、フランスのクレルモン・フェランで、UFO（異星人）と遭遇した一人の男、当時はカーレーサーだったクロード・ボリロンが、その異星人（エロヒム）から真実の啓示を受けて書き上げたという本である。

その本は、聖書の中にある真実の痕跡が発見できる部分の説明から始まるが、その説明を読みながら聖書を読んでいくと、創世記からすんなりと理解でき、これまで多くの謎とされてきたことなどが次々と解明されてくるのである。

『竜宮の謎』でくわしく書いたが「ノアの洪水の謎」や「最後の審判」、「恐竜絶滅の謎」や

「ナスカの地上絵の謎」なども、ほとんど容易に解けるし、これまでまったく興味すらなかった聖書を読むのが楽しくなってくるのだから不思議である。

実は『聖書』にも、『真実を告げる書』と同じく、大陸や地上のすべての生物をエロヒムが「創造」したことが書かれている。この生物（生命）の「創造」という考え方は、DNAや遺伝子の解明がここまで進んできた現代においては、われわれ地球人類の科学レベルでも理解可能となってきているのではないか、と思えるのだがいかがであろうか。

——現段階ではまだ理解が難しいかもしれないが、人類の科学力が今後ますます進歩した暁には、DNAを操作して新しい生命の「創造」が行われるようになることは十分に考えられることだとは、皆さんは思わないだろうか。

その一方で、これまでずいぶん長い間信じ込まされてきたが、ダーウィンやウォーレスが唱えてきた〝進化論〟もついに幕を閉じようとしている段階にあると感じている。そして、その進化論と密接に関連してくるのが大陸との〝陸続き説〟である。つまり、生物の種の不思議やその島独自に進化したとされてきた考え方を支えているのが、これまで私たちが信じ込まされてきた〝陸続き説〟なのである。

その代表的なものが、琉球列島の〝浮沈説〟だ。進化論で行くと、島の固有種とされ、その島だけにしか存在しない生物の説明をするときには、島を沈めたり、逆に浮上させたりを繰り返さなければならなくなるわけである。

また、地質学的視野からとらえた場合も同様で、石灰岩の塊が山頂にあれば、昔はその山が海底にあったと考えなくてはならなくなる。このように〝浮沈説〟も、ある意味では〝進化論〟と支えあって共存している説と言えよう。

従って、進化論が崩壊するとなると、大陸の浮沈説もまた、時期を同じくして覆されることになるはずである。最近でこそ生物（生命）の〝創造説〟を唱える学者や著書が増えてきているようにも感じるが、こと島々や大陸の「創造」説となると、声を上げる者はあまり聞いたことがない。

地質に関する専門書などでは、説明のつかないような不思議な地層や地質を〝不整合地帯〟と呼んで片づけているようだが、実はそれらも〝高度な科学技術によって創造された〟というスタンスでとらえれば納得できる地形ばかりなのである。


これまで私が行ってきた調査は、比嘉さんの言葉や、『聖書』や『真実を告げる書』に書かれている「創造」という言葉に支えられている。つまり、琉球列島は〝創造されたものである〟ということをいつも念頭において調査を続けてきたのである。

その〝エロヒムの創造の痕跡〟といえる地形や、地質の謎解きこそが、私に与えられた使命ではないかと思われてならない。ただの思い付きでひょっこり沖縄にやってきた馬の骨のような一人の男が、慶良間の海底で不思議な地形を発見するということだけとっても常識では考えにくいし、霊媒にもＵＦＯにも宇宙人にも興味のなかった普通の男が、こうして何冊もの本を出すに至っているのだから、人生とは本当に分からないものである。

ちなみに、１９７３年４月１日（日曜日）——この日は私が初めて沖縄の地に足を踏み入れた日であるが、４月の第一日曜日は、異星人（エロヒム）によって最初の人間が科学的に完成された特別な日なのだという。しかも１９７３年は、クロード・ボリロン「ラエル」が初めてエロヒムと遭遇した年でもある。

その記念すべき年の、記念すべき日に、初めて沖縄の地を踏んだこの私によって、慶良間の不思議な海底遺跡が発見されたわけである。このあたりからして、誰かに仕組まれていたような気がしてならない。

「神も霊魂も存在しない…」と書く『真実を告げる書』を読んで以来、それまでなら〝祟り〟のような現象を恐れて入れなかったような場所にも平気で入れるようになったし、人間が入ってはならないと言われてきた聖地であろうがどこであろうが、今では何の迷いも恐れもなく入っていけるようになった。

そしてそれにより、そのような場所に限って人工的でいかにも「創造」されたと思えるような、不思議で不自然な地形が隠されていることを次々と発見していくことができたわけである。そして皆さんもそれぞれの話の内容を思い出せば分かると思うが、日本の神話や伝説にも、実は多くの〝創造説〟が残されている。島々や生物が創造されたことも書かれているのである。

拙著の出版とほぼ同時期に出た、エロヒムの痕跡を研究している戸来優次氏の『謎解き聖書』や『複製された神々の遺伝子』にも、世界各地の神話や伝承に、神々（エロヒム）に関係するあらゆる記述や遺跡が残されていることが記されている。

今回のこの本は、〈海底遺跡のある場所とその近くの陸上にある聖地（御嶽）との関連性〉、及び〈古くから伝わる神話や伝承と海底の不思議な地形やその近くに祀られている聖地との関連性〉をキーワードとして、この壮大なエロヒムの「創造」の痕跡を、実際のフィールドワークによって書き上げたものである。

神々の爪痕●目次

前2著のあらすじ …… 5

序章　エロヒムによる「創造」説を裏付けるために …… 23
空洞の鍾乳石や直角に曲がる鍾乳石の謎 …… 24
進化論か「創造」論か …… 25
先史時代の科学力の見直しを …… 28
「創造」論は〝百匹目の猿〟か …… 31
ほとんどの鍾乳石で空洞音が確認できた！ …… 35

第一章　聖地や海底遺跡で続々と見つかる「創造」の証拠 …… 41
聖なる地への登山 …… 42
霊山全体が人工「創造」物 …… 46
宜名真《ギナマ》の海底鍾乳洞は黄金山の縦穴洞窟につながっている？ …… 51
久米島の海底鍾乳洞もガラサ山につながっているのでは …… 56

北谷・砂辺の海底遺跡に潜る……………… 61
与那国島の海底遺跡と三天母神……………… 66
慶良間の海底遺跡にグラハム・ハンコック氏と潜った！……… 76
霊能者・比嘉芳子の見解……………… 83

## 第二章　沖縄各地の地形や地層から浮かび上がる「創造」説……… 89

東平安名崎のリーフでも続々と不思議な岩の発見が！……… 90
「石舞台」の上方にあった竜神を祀る御嶽……………… 93
〝竜宮城〟で見つけた津波石……………… 98
崩れた塩稚大明神の謎……………… 100
石垣島・大浜海岸のニガイ石周辺にある「神々が創った」浜……… 104
御神崎の〝プナリのツブル石〟……………… 106
与那国島の不思議な地形は海底だけではなく地上にも！……… 110
久部良港近くのクブラバリは海につながっている？……… 112
不気味な地形が集中する伊良部島の白鳥崎……………… 114
ノッチから見えてくる人類史の真相……………… 117

御嶽の不思議な石を外したとたん、管制塔でトラブルが……123

第三章　沖縄の民話・神話にもあった「創造」説を裏付ける話……127
「宮古の乳房《オッパイ》山」……128
〝土〟をめぐる謎を解いた神話「天神降下始祖」……131
神話に登場する「小人」はエロヒムのこと？……136
驚くべき張水神社の由来説話……138
「与那国島のティダンドゥグル」（沖縄の昔話）……141

第四章　沖縄七宮その他で「創造」の痕跡を探す……145
沖縄七宮をすべて回ってみた……146
沖宮（オキノグウ）……147
金武《キン》宮・金武観音堂……149
識名《シキナ》宮……151
天久《アメク》宮……152
普天間宮……152

波の上宮……155
末吉宮……159
山下町洞人と護国神社の関係から見えてくるもの……162
宮古島の上野村にあるピンザアブは面白い……166
鍾乳洞がどうやってできるかはいまだに分からない……168
鍾乳洞そのものも「創られた」？……170
不思議な玉泉洞の千人坊主……172
鍾乳洞は瞑想の場所だった？……175
久米島のヤジャーガマ探険……177
南の大聖地・斎場御嶽《セーファーウタキ》で次々に新発見……180


## 第五章　化石や土、地形やノッチが「創造」説を裏付けてくれる……189

〝風化〟と〝侵食〟という言葉を使わねば説明できないのか……190
岩が風化して土になったという説を否定する証拠……193
宮古島の地下ダム構造も「創造」の痕跡？……197
化石は真実を訴える……200

なぜいつまでたっても進化途上の生物化石は発見されないのか……203
恐竜と人間の足跡ができた化石の謎に挑戦！……205
〝ノッチ〟が真実を語ってくれる……208
東京にもノッチがあった！……215

## 第六章　次々と「創造」説を裏付けてくれる聖書……223

縄文人は原始生活に送り込まれた文明人だった？……224
竜宮・ニライカナイ伝説の主人公は、ルシファーの一派エロヒムだった？……227
今こそ、地球空洞説の見直しを！……232
巨大なクレーターを開けた後で消えてしまった隕石の謎……236
「創造」説を次々と裏付けてくれる聖書……237
創造者はその土地（島）ごとの生態系を考慮し、固有種を置いてくれた？……239
粘土が巨石文明の謎を解く？……242
石灰岩は創造者が創ったコンクリート……245
同一地層内に岩とジャンカが同居する謎……249
水蒸気とマグマ……250

久米島の不整合地形の謎の数々が「創造」説で氷解する……254
慶良間の〝UFOポイント〟……259
12番惑星・ヤハウェの秘密……263
天地創造……266
最後に……270

# 序章

## エロヒムによる「創造」説を裏付けるために

## 空洞の鍾乳石や直角に曲がる鍾乳石の謎

琉球列島の各地で海底の不思議な地形が発見され、その地形に興味をもつ学者たちが世界各地から訪れているが、依然としてそれらの地形に関して納得の行く回答はなされていないはずである。

例えば与那国島の階段状海底地形（口絵写真参照）を自然の造形物だと言い切る学者もいれば、昔一夜にして沈んだと言われている〝ムー大陸〟ではないかと唱える学者もいて、同じ学者でも見解はまったく分かれてしまっている。『神々の指紋』の著者、グラハム・ハンコック氏も、その階段状地形は99・9％人工物だろうと考えているようだ。

霊媒とかテレパシーという特殊な分野は現在の科学をもってしても、未だにきちんとは解明されていないはずだが、そうした特殊な能力をもつ霊媒者の言葉や島々に伝わる神話なども違った角度で見るための参考資料として、私はこれまで独自の調査を続けてきたのである。

科学の時代にあっては「非科学的」とされることになるが、その調査結果は学者たちの見解とは異なり、琉球列島は自然によってできた地形ではなく、神話や伝説などにあるように〝神々の創造〟だと考える方が正しいのではないだろうか、と思うようになってきた。それも、海底遺跡という狭いエリアにとどまらず、これまで信じていた琉球列島の隆起説自体にも、疑問をもつようになってきたのである。

海底遺跡と呼ばれている地形に限らず、海底の溝や洞窟のような地形は、遠い昔に海面から浮上していた時代に、水の侵食によってできたものだと言われてきたが、それは本当なのだろうか。実際、宮古島の海底には水が完全に重力を無視しなければできないような地形ばかりが存在するのである。

また、鍾乳洞の地形そのものや、鍾乳洞で二次的に生成される〝鍾乳石〟や〝石筍《セキジュン》〟も、水の侵食によってできたと言われている。しかし、鍾乳石や石筍には内部が空洞のものや、やはり重力を無視したように曲がりくねったものがあるのを目にした私は、その見解に対しても疑念を抱くようになってきたのである。

ところが多くの地形・地質の学術専門書には、空洞になった鍾乳石の存在はまだ知られていないのか、それについての説明はない。それらの造形についても、ただ〝侵食〟だの〝風化〟だのという言葉で片づけられてしまっている。しかし光も風もなく、温度も密度もほぼ一定の環境下で、直角に曲がる鍾乳石や空洞の鍾乳石が生まれるものだろうか。

## 進化論か「創造」論か

話は変わるが、現在の先端科学はどのレベルまで進歩しているのだろうか。例えば超音波を使って物体を持ちあげたり、空飛ぶ円盤タイプの乗り物が現に開発されたりしているし、遺伝子工学の分野ではクローン動物の成功例は数知れない。

羊のドリーちゃんで始まった一連の〝クローン動物騒動〟も、当時は反対意見を述べる人が多くいたが、現在では世界各国でまさにクローン動物の花盛りと言ってよい状況である。アメリカのオレゴン州にある霊長類研究センターでは、猿のクローンに初めて成功したという報告さえあった。

また、ヒト遺伝子の全解明と応用への研究が世界規模で進行しているし、動物そのもののクローンばかりでなく、パーツ、つまり皮膚とか内臓などの部分的な器官の複製も、可能になってきつつある。これまでは「クローン」という言葉はSF上の概念でしかないと思われてきたが、クローン人間の実現性もあちこちで言われており、遅かれ早かれ実現することは間違いないのだろう。

また最近では、不死の遺伝子が発見されたとNHKニュースで発表されていた。これは人類が昔から長年追い求めてきた〝不死〟というものが、目前に近づいてきているということを示しているかのようだ。

1953年にジェームス・ワトソン博士らによって発見されたDNA（デオキシリボ核酸）

はすべての生物に確認されるもので〝神の設計図〟とも呼ばれ、今世紀最大の発見ともいわれている。

生物の遺伝情報がすべて書き込まれているとされる〝DNA〟の存在（発見）は、これまで信じ込まされてきた「人間は猿から進化した」という〝進化論〟とは完全に矛盾するはずであるが、進化論を信じている多くの人は、DNAが発見された現在でもその矛盾に気づかず、すべての生命の源は〝海〟であると信じ込んでいるのではないだろうか。

中にはDNAそのものさえ突然変異したと考える人もいるようだが、生命の謎については〝進化論〟が正しいのか、それとも高度な科学技術によって〝創造〟されたとするのが正しいのか、決着がつくのにそれほど長い時間はかからないだろう。

しかし本当は、聖書に書かれてあるように、人間は初めから〝神（人間）の姿〟に似せて科学的に「創造された」というのが真相なのである。大地や島々や動物たちの「創造」に関して聖書や古事記に書き残されていることは、皆さんの方がよくご存じだろう。

となると、進化論と支えあって共存している、人や動物は陸橋を渡ってきたという列島隆起説にも、新たなる科学のメスが入れられなければならなくなるだろう。

海底遺跡が発見されるようになったのも、SCUBA（スキューバ）という背中にボンベ（タンク）を背負って海中を自由自在に動き回ることが可能となったからであろう。そのうちに科学技術がさらに進んだら、海底宇宙考古学などという分野ができないものだろうか。はるか上空から海底の細かい地形が一目瞭然となり、おまけに回遊魚の位置や巨大魚の居場所まで分かるようになると、海底の謎も楽しみながら解明されるようになるはずだと思うのだが。

## 先史時代の科学力の見直しを

島々が「創られた」などと言っても、現在の常識で考えているうちはまったく理解できないかもしれない。しかし近い将来に光速を越える乗り物が完成したり、生命の秘密が解明されて新しい生命の創造が可能になったときの科学力をもってすれば、小さな島を創りあげることも容易に可能になるのではないだろうか。

「大は小なり、小は大なり」という言葉があるが、これは大きいものと小さいものは同じということである。あとで詳しく説明するが、島々の「創造」という言葉を理解するためには、初めは大きな島よりも、すごく小さい島々をイメージした方が分かりやすい。そして、構造自体は大きな島も小さな島と同じであるということが理解できると思うのである。

霊媒者の比嘉芳子さんが語ってくれた「小さな島に大きな謎が隠されている…」という言葉は、それを意味しているようにも感じられるのだ。

また、現在の地球の表面には過去の偉大なる科学力を見せつけているかのようなものが多い。いわゆる〝オーパーツ〟と呼ばれるものである。その時代にあったはずがないとされる、言い換えれば当時の科学技術を見せつけているような出土物や工芸品などの総称である。ナスカの地上絵やエジプトの地上に残された巨大な建造物のスフィンクス、それにもちろんピラミッドなどもオーパーツに含まれる。中には現在の人類の科学力を結集しても建設不可能と言われるものさえある。

そのような高度な文明の存在を前にすれば、現在の科学レベルが今までで最高水準に達しているという傲慢な考えは通用しないはずで、あらためて先史時代の科学力というものを認識しなおさなければならないと思うのだ。

もちろん現段階では、私の述べる「創造」説はあくまでも〝仮説〟にすぎない。しかし、大陸と〝陸続き〟だったというこれまでの説や、化石などの年代測定のあり方に対して疑問や矛盾点を提示していくことで、すべての島々が計画的に「創造された」のではないかという「島々の創造説」を私の仮説として主張していきたい。

そのような考えで不思議な海底の地形や陸上の不思議な地形に関心を寄せ、執念と言ってもいいほどの気持ちで調査を重ねてきたのである。しかし、たった一人の行動範囲にはもちろん限界があり、まだまだ調査の範囲は偏っているかもしれない。しかしそれでも、本書を読んでいただければ、隆起説ではとても説明のつかない地形が意外と多いことに皆さんもびっくりされるはずである。

古事記の初めには、神々による島々の「創造」のくだりが出てくるが、〝神々〟とは他の惑星から科学実験のために地球に飛来してきた人たちのことを指すのである。現に、ヘブライ語で書かれた聖書の原典には〝神〟とは書かれていない。〝ＥＬＯＨＩＭ〟と書かれているのである。

先述したように〝エロヒム〟とは、ヘブライ語で「天空より飛来した人々」という意味で、複数形である(ちなみに一人称は〝エロハ〟)。本書では便宜上〝神々〟と書くこともあるが、多くの場面では島々や大地、生命を「創造」した存在ということで、「創造者(エロヒム)」と書くことにする。

古事記の初めにはまた、淤能碁呂《オノゴロ》島の創造のことが書かれているが、この〝オノゴロ島〟とは、生命創造など科学実験では欠かすことのできない小さな島々の総称だと私は考えている。琉球列島こそは、その淤能碁呂島と言えるのではないだろうか。

最近になって発見が相次いでいる海底遺跡と呼ばれるものは、島々が「創造された」際の痕跡の一部ではないかと考えられる。当時に比べたらあまりにも科学レベルに差があるわれわれ人類はもう、それらを人工物であるとか、自然の造形だとかと議論している段階ではなくなってきている気がしてならない。今や沖縄の海底遺跡は世界的にも注目を浴びてきているのだ。

本書によって、琉球列島がこれまで言われてきたように本当に隆起によって自然にできた島々という説が正しいのか、それとも聖書や古事記に書かれているように、創造者（エロヒム）によって「創造された」という説が正しいのか、ご判断を頂きたい。

## 「創造」論は〝百匹目の猿〟か

ＤＮＡや遺伝子の発見によって、生命の秘密が解き明かされる日ももう目前に迫ってきている。そういう時代にあっては、進化論に対して疑問をもっているのは私一人だけではないだろう。生物の設計図でもある遺伝子には膨大な情報が盛り込まれていることも解明されてきており、これらは生物が自然に、あるいは偶然にはできないことを強く示唆している気がしてならない。

キリスト教文化圏の影響もあるのだろうが、アメリカ・カンザス州の教育委員会では公立学校の教育課程から進化論を排除する決定をしたということも聞いている。カナダのハイスクールでは従来どおりの進化論と神々による創造論に加えて、〝科学的創造論〟を教えるようになったという。その分厚い教科書には、異星人の乗り物と思われる円盤の図も描かれていた。

このように他国の教育では進化論が見直されるようになってきているというのに、日本の教育では約140年という長きにわたって「人間は猿から進化した」ものと信じ込まされてきている。しかし、最近続々と発掘されている遺跡などで発見される事実（証拠）は、これまでわれわれがイメージしてきた縄文人や弥生人像とは異なり、当時すでにかなり高度な文明が存在したことを示す痕跡も多い。これらもみな進化論には不利な材料ばかりである。

これまでの化石や人骨の年代測定結果には以前から疑問をもっていた。しかしそれを決定的にしたのは、測定の結果から出る誤差はまだよいとして、学者たちの中には、例えば予想に反してあまりにも新しすぎる測定結果が出た場合、他のいろいろな測定方法を使って導き出された一番古い年代、及びその測定法を採用するようにしている者がいるという話を聞いたからである。

驚くというよりあきれてしまう。進化論を支えるには気の遠くなるような年代が必要だということが、このような事態を生み出しているのであろう。

話は変わるが、船井幸雄氏の『100匹目の猿』という本に面白いことが書かれていた。宮崎県の石波海岸のすぐ近くの幸島という小さな島に100匹ほどのニホンザルがいる。猿たちの餌付けに成功した初めの頃は、猿たちは手や腕でイモの泥を落として食べていたが、ある時点を境にして1歳半のメス猿が川の水で泥を洗い流してから食べるようになると、その行動はやがて若い猿たちや母親猿たちにも真似られ、川の水でイモを洗って食べる猿が増えていった。

ところがある日のこと、幸島の猿たちとは何の関係もない大分県の高崎山の猿たちの中にも水でイモを洗う猿たちが出てきたという。こうした、猿たちのイモ洗い現象が遠く離れた幸島から高崎山へと伝播した現象を、アメリカのある科学者が「百匹目の猿現象」と名付けて発表したために、この言葉は広く世の中に知られるようになったとされる。

その科学者は、幸島でイモを洗う猿の数がある臨界値を越えると、その行動は幸島の群れ全体に広がるばかりでなく、遠く離れた他の場所に生息する猿たちの間にも自然に伝わるのではないかと考え、その臨界値を便宜的に「百匹目」と呼んだわけである。

以上のような内容であるが、これはとても興味深い現象だと思う。今、生物の「創造」論を唱えるようになった人たちは国境を越えてさらに増え続けているはずで、もし、ダーウィンの言う、人は猿から進化したという進化論が正しいのならば、新たに「創造」論を唱える人やそれを支える事実が増えていくはずがない。

猿の中でも12歳以上のオス猿は、イモ洗いが定着してから10年が経ってもそれをやらなかったという。これは人間にも当てはまるはずで、新しい説を受け入れることのできないボス猿的存在の人間は意外と多いはずである。

このように現在、生命に関する「創造」論を唱え始める人が増えてきているのは事実だろう。しかし、島々や大陸までもが創られたという「島々の創造」説となると、過去にあまり聞いたことがない。おそらく古事記以来だろうか。

本書を読まれて感じていただけるかどうかは分からないが、人類や他の生物たち、あるいは琉球列島を含む日本列島などが誕生した年代は驚くほど新しいはずで、これらの謎を解く鍵を、琉球列島の海底遺跡と呼ばれるところから私は見出したのである。


たった一匹の個体から発した知恵(情報)が集団に広がり、その数が一定量に達したとき、それを知る由もない遠く離れた仲間にまで、まるで何かの合図があったかのようにその情報が「飛び火」していく。つまり同時代において、一つの情報が「横」に伝播していく、これが「百匹目の猿現象」と呼ばれるものなのである。

コペルニクスやガリレイの地動説の例をひくまでもなく、どんなスタンダードな定理や理論も最初は異端扱いをされることが多いが、おそらく近いうちに私以外にも、誰かがどこかで「島々の創造」論を唱え始めてくれるだろうと私は信じている。いや、もうすでに現れているのに、世には出ていないだけなのかもしれない。

これまでの文明や科学は、人間のエゴによってあちこちに「嘘」の世界を作り出してしまった。そのために、いまや地球は破滅の危機に瀕していると私は思っている。しかし今の時代は科学の進歩と共に真実が表に出てくる時代であり、政治・経済・教育などあらゆる分野で大きな変革期を迎えてもいる。それらの変動に伴って、混乱が起こることも十分に考えられると思う。

「百匹目の猿」は一匹から始まり、それが増えていったとき「百匹目の猿現象」が起こって、世の中が変わっていくのであろう。

## ほとんどの鍾乳石で空洞音が確認できた！

宮古島の城辺町の友利には天井《アマガー》という降り井《ウリガー》がある。その降り井に降りる途中、いびつな形でとても鍾乳石とは言い難いものが一本だけ垂れ下がっている。これがちょっと背の高い人ならば頭を打ちそうな高さにあるために、何となく触ってみたくなる。

叩くつもりはなかったが、気がつくと思わず平手で軽く叩いていた。そうしたら意外な音が跳ね返ってきたのである。それはポンポンと響くような軽い音で、その鍾乳石の内部が空洞になっているとしか考えられない音だったのである。

それまでは鍾乳石を見てもとくに何も感じなかったが、同じ宮古島の成川にある鍾乳洞には、曲がっていたりしてとても自然にできたとは考えられない形の鍾乳石があり、そこでも鍾乳石を叩いてみたのである。

すると驚くことに、ここでも空洞音が聞こえたのである。不思議に思って他の鍾乳石も叩いてみたら、なんとこの鍾乳洞内のほとんどの鍾乳石から空洞音が確認されたのである！それが不思議で仕方がなかったので、思わず鍾乳石を叩き割って内部を見てみたいという気持ちに駆られたが、さすがにそれは気が引けてできなかった。しかし、天井部分に1ヶ所だけ大きな鍾乳石が付け根のところから割れ落ちた跡があり、形の整ったきれいな空洞だったことが確認できた。

また、平良市内の南小学校の近くにある別の鍾乳洞に行って、成川と同じような形の鍾乳石を叩いてみた。すると、なんとそこでも空洞音が聞かれたのである。さらにもう1ヶ所、城辺町の酒造所が古酒作りのために使っている鍾乳洞にも同じようなタイプの鍾乳石があり、叩いてみると同じような空洞音が確認できたのである。

現在のところ宮古島では鍾乳石に空洞音が確認できるのはこの4ヶ所しか知らないが、このあたりから鍾乳石を叩くことが一つの快感のようになり、この後、宮古島以外の島々でも鍾乳洞に行って、いろんなタイプの鍾乳石を叩いて音響調査をするようになっていった。で

天井《アマガー》に降りる途中にある空洞音のする鍾乳石

はなぜ鍾乳石から空洞音が聞かれると不思議なのかというと、洞窟の天井から滴り落ちる水滴によって作られると言われている鍾乳石の内部が空洞になることなど、常識では考えられないからである。

それからの私は、沖縄本島の大聖地として名高い斎場御嶽《セーファー》の場違いとも思えるツララ石や、〝波の上宮〟の鍾乳石、金武の観音堂の鍾乳石、浜比嘉島のシロミチューのガマ、久米島のヤジャーガマと呼ばれる大きな鍾乳洞の鍾乳石、玉泉洞の鍾乳石などを夢中になって叩いて回ったのである。

するとある程度予想をしていた結果が出た。それらのほとんどの鍾乳石で空洞音が確認できたのである。同じ鍾乳石でも多くのタイプがあるのだが、ずんどうタイプの鍾乳石に空洞音が確認できるものが多く、ツララ状に延びる美しい鍾乳石には少ないことが分かった。

自然や偶然によって多くの鍾乳石に空洞ができたとは考えられないことであり、いま一度、鍾乳洞や鍾乳石のできるプロセスを見つめ直すことも必要なのではないだろうか。

話は変わるが、『真実を告げる書』には、創造者（エロヒム）が実験のために地球にやってきたのが今からおよそ2万5000年前と書かれている。そして聖書の初めに書かれている〝一日〟の長さは、太陽が春分の日に黄道上に12宮ある一つの宮から昇り続けている期間に対応しているので、およそ2000年になるという。

その聖書では神々が創りあげた大地が完成したのは三日目のことであり、逆算すると今からおよそ2万年前の出来事だったことになる。生物はこの後に創造されることになっているのだから、聖書が正しいとすると、その創造物である貝やサンゴの化石や死骸を含んでいる琉球石灰岩を主成分とする島の地形や鍾乳洞は、もっと新しい地層と考えられる。そして生物の死骸を含まない沖縄本島北部域に分布する古生代の石灰岩は、単純に考えても古い時代のものであることが考えられる。

しかし、それでもたかだか2万年前後なのである。鍾乳洞や鍾乳石が水による侵食や風化だけでできたとは考えにくい。順番が後先になるかもしれないが、琉球石灰岩の中にはときどき火成岩や砂岩と思われる石なども混入していたりして、不思議で不自然な地形は意外なほど多いのである。

古事記の創世のくだりには、島創りのときに神々が沼矛《ぬぼこ》の先でゴロゴロとかき混ぜている情景と思われる部分もあり、あとで詳しく書くが、これは石灰岩を練るときの情景のようにも考えられ、この時点で成分の異なる石が混入されたのではないかと私は思っている。

このように見る角度を変えて捉え直していくと、現在海底遺跡として騒がれている不思議な地形の数々も、島を「創りあげる」ときに残された痕跡だと考えると納得できるのである。

先述したように、古事記には神々によって島々が「創造された」というくだりがあるし、聖書には神々によって大陸が「創造される」くだりもある。

ちなみに、99年4月に発見された久米島の海底鍾乳洞（ヒデンチガマ）の鍾乳石や石筍からも、空洞音の確認ができた。まだ潜ったことはないが、後述する宜名真《ギナマ》海底鍾乳洞の鍾乳石からも、空洞音は聞かれるはずだと踏んでいる。

鍾乳石に限らず琉球列島の不思議な海底の地形は、今、世界的に注目されているときであり、これまでの定説だけに基づいた議論をいつまでも重ねているだけでは、海底遺跡の謎は永遠に解けないのではないだろうか。

# 第一章

## 聖地や海底遺跡で続々と見つかる「創造」の証拠

## 聖なる地への登山

1999年の10月、知人が一枚の写真をもってきて私に見せた。

それは沖縄本島の最北端にある辺戸御嶽《ヘドウタキ》と呼ばれる霊山の山頂付近にあったという洞窟の入口の写真だった。ちなみに辺戸御嶽は、沖縄では南部の斎場御嶽《セーファー》に次いで最大の霊山と言われている。

その洞窟のそばには「宮古・大神島、フクロ神」などと書かれた石碑が祀られているが、なぜそこに遠く離れた宮古と大神島の文字が書かれているのか不思議でならなかった。その回答は知る由もなかったが、なぜか無性にそこへ行ってみたいという衝動にかられた。そして99年の11月にそのチャンスは訪れた。

その聖地（山）は黄金山とか安須森《アスムイ》とか辺戸御嶽など複数の呼び方がある。そこへは那覇からだと高速道路を利用しても3時間以上はかかるだろう。沖縄本島の最北端に近い辺戸《ヘド》の集落の手前に辺戸名《ヘントナ》という集落があるが、ここを過ぎた辺りから前方に目的地の黄金山が見えてくる。極端にはりだした岩山の面白い地形が美しく、しばしば車を停めて写真を撮った。

11時半頃に辺戸の集落に着き、知人が書いてくれた地図のとおり、車一台がやっと通れるほどの狭い農道を少し走ると行き止まりになり、そこが登山口になっていた。そこには大きな立て看板があって、聖地を汚したり、荒らしたりする行為はしないようにと書かれていた。その看板にはさらに、その場所が、沖縄はもとより日本中の各地からもこの山（聖地）に登りにくる〝大聖地〟であるとも書かれていた。

過去にもこの地を訪れたことがあったが、聖なる山とも知らず、垂直に切り立ったこの岩山に登れるなどとは考えもしなかった。そのときはただ集落の高台からこの山の風景を写真に写しただけだったが、集落の位置から眺める山と、ここへ来る途中で反対側から見えた山とが同じ山だとはとても思えないほどに表情が異なって見える。

先述もしたが、ここは「黄金山《クガニムイ》」とも「安須森《アスムイ》」とも呼ばれるらしく、この山全体が「辺戸御嶽」ということになるようだ。登山口から少し登ったところには「黄金山」と彫られた石碑と小さな祠が祀られていたが、おそらく頂上を目指すことがかなわないお年寄りたちが、ここで祈りを行うのだろう。周辺には祈りの際に使われる線香や白い紙や塩などが散らばっていた。

頂上というか、頂上に近い尾根のところまで両側にロープが張られてあって、道に迷うことはないが、尾根の直前で道が二手に分かれていて、脇道にそれて行ってみると奥行きが5mほどの小さな窪みがあった。そこにも祠が祀られていた。

私が求めるのはコンクリートで造られた祠や偶像を拝むことではなく、あくまでもその周辺の地形の不思議を感じ取ることにある。思ったとおり、そこには不思議な地形が存在した。まるで断層のように垂直に切り立った、一見すべてが岩山と思えるような山にできた穴の中をのぞくと、祀られている祠の周囲の天井面や壁面には、その崖を構成している岩とはまったく異なる泥岩のようなものが見られた。

大東島では「レインボーストーン」という、磨くと虹のように美しい輝きを見せる石が産出されるが、ここの泥岩の模様がその石によく似ている。その泥岩は5～8㎝ほどの厚さで板状節理が見られるが、不思議なことに、幾層にもなっているそれらの模様には連続性がなく、一枚一枚の層ごとに模様が完全に異なっているのである。

「レインボーストーン」は、南大東島の北港付近の海岸によく露出している古大東石灰岩と呼ばれる結晶質の石灰岩の割れ目や隙間に、赤土(テラロッサ)をはじめ、貝殻、有孔虫、ウニの破片や有機物などが運び込まれてできたものであるという。またの名を〝竜宮の石〟ともいう。

以上のように地質の専門書(『沖縄の島々をめぐって』)には書かれていたが、この硬そうな岩壁の窪んだところに、なぜ異質でしかも土に近い層が存在できるのだろうかと、不思議でならなかった。しかし、柔らかそうなこの層に高熱を加えれば、大東島のレインボーストーンに限りなく近づくのではないか、と感じもした。

この山を構成しているのは古生代の石灰岩で、沖縄本島北部方面には広く分布しているようだが、生物の化石をまったく含んでいない石灰岩で、生物の化石を多く含んでいる〝琉球石灰岩〟とは区別されている。

ちなみに古石灰岩は古生代の2億年以上も前のもので、琉球石灰岩は1万年から170万年前のものとされている（今後はこの古生代の石灰岩を「古石灰岩」とし、本島南部や宮古島などに分布し、化石を含んでいる琉球石灰岩の方はただの「石灰岩」と使い分けるので覚えておいていただきたい）。

そこを後にして、再び頂上を目指して登りはじめた。そこからわずか5分ぐらいのところが尾根になっており、尾根を越えた山の西側は急な斜面になっている。すなわち東側はほぼ垂直に、そして西側は急な下り斜面になった地形になっており、予想していた平坦面はまったく見られず、正面から眺めたときの山とは全然異なっていた。

しかも西側の斜面を構成しているのは崖と同質の岩ではあるが、おもむきがまったく異様で、ガチャンと割れたガラス片の一つ一つを立てたかのように、鋭く尖った大小様々の岩が一面に存在し、俗に言う〝針の山〟という感じである。

切り立った崖と平行にその尾根を伝って頂上を目指すのだが、一歩一歩足の踏み場を決定して登らないと危険だ。そこから頂上までの距離はおよそ１００ｍぐらいで、そこだけわずかに平坦なスペースがあり、小さな祠が３ヶ所に祀られていた。そこまでの時間は途中で寄り道をしたのを含め、およそ30分だった。

その頂上からの眺めは絶景で、太平洋と東シナ海が一望できる。また、山の西側斜面全体は緩やかな傾斜に変わり、木々の間からは何ヶ所も尖った岩山が顔を覗かせていたりする。沖縄の山には紅葉は見られないが、周囲を海に包まれた山の緑と岩山の大自然は心安らぐ風景であり、同じ沖縄でもこのような地形を他で見たことはない。

頂上を征服はしたが、知人の言う洞窟のある場所は見つけられなかった。しかし、現在は科学の時代である。今では携帯電話をもたない人は少ないくらいだろう。そこから写真を見せてくれた宮古島の新島富《トム》さんに電話をし、様子を聞くことができた。

## 霊山全体が人工「創造」物

彼は登山道にはロープのようなものは張られていないという。とりあえず下山して別の登山口を探すことにした。すると１００ｍほど戻ったところに獣道のような所があり、少し入り込んでみると、木々には赤いビニールテープが巻かれ、足元の岩には黄色のペンキで目印が施されている。そして道にロープは張られていなかった。

新島さんの言うルートはおそらくここのことだろう。その目印を追って登りはじめた。最初のルートよりも歩きやすく、若干山が低いのか、尾根まで辿り着くのにそれほど時間はかからなかった。

ここも尾根を越えると急な下り斜面になり、平坦面はまったく見られない。新島さんの言うとおり下り斜面にも目印が付けられていて、50mほど下った辺りから傾斜も緩やかになり、大きな窪地が目についた。その窪地の隅っこの方には直径がおよそ5mほどの垂直の穴がポッカリと口を開けて、私を待ち構えていたのである。

そこには
「宮古・大神島」

「フクロ神」

また、

「竜宮西ノ方大神・女二神・男二神」

「三天子ノ方大神・三男神」

などと彫り込まれた小さな石碑が置かれていた。なぜ沖縄本島の最北端の大聖地が宮古の大神島と関係があるのか、この時点ではまったく知る由もなかったが、このあと不思議な展開が始まることになる。

垂直に落ち込んでいる穴を恐る恐る覗き込むと、ひざが震えるほど怖いものがある。この穴を探検するためにロープを用意してもっていこうと考えもしたが、ちゃんとした縄梯子があったとしても、それを伝って降りていく勇気はなかっただろう。それほどに穴は深いのだ。

いつも携帯している懐中電灯で再度下の様子を見ようとして、片手を岩壁において身を乗り出すように覗き込んだとき、右手で掴んでいた岩がグラッと動いたような気がした。一瞬ヒヤリとしたが、その動いた岩を外してよく見ると、白っぽい古石灰岩の表面を石灰岩が薄く包み込んでいるのである。私は胸が震えてきた。

外れたその石は重さ3kgほどもあるだろうか、結局その石は持ち帰ることにしたが、聖地と言われる尖った岩山の頂上付近の穴のそばの岩の表面の一部分だけ、それもたった3ミリから5ミリほどの厚みで、琉球石灰岩が包み込んでいるなどということが考えられるだろうか？　ありえないことである。一度は目を疑ったが、何度見ても間違いなくこの一帯には分布してないはずの琉球石灰岩なのである（写真参照）。

学術的には古石灰岩は2億年以上も前の地質とされているが、その石を包み込むように張

山頂付近が針山のようにけわしい黄金山の全景

黄金山から持ち帰った石。指をさしている部分にうすく琉球石灰岩がはりついている（石の裏側にも）。

り付いているのが１００万年ほど前の石灰岩なのである。これこそ常識的には考えられないことではないのだろうか（後述するが、ちょうど私がこの石を外した時間から、下界では大きなトラブルが起こっていた…）。

しかも垂直に口を開けたその洞窟は、深くなるにしたがって入口よりも広くなり、ほとんど垂直な壁面を構成しており、いかに石灰岩が水で侵食を受けるとしても、これだけ美しい壁面を残して侵食されるなどということは考えられない。

また、この山の斜面全体の表面は、割れたガラスの破片を撒き散らしたような岩で構成されており、洞窟の壁面や断層のような垂直の断面からは想像もできないほど荒々しく、荒涼としているのである。しかし、木々に包まれた岩山というものは独特の雰囲気を醸し出すもので、ある意味では心地よくも感じ、なんとなくその辺を散策してみたくもなった。

この穴から下に降りる人はいないのか、そこから先は目印はなくなる。しかも周囲の地形はどこもよく似ており、広範囲に動き回るためにはそれなりの目印を付けなければならなかったが、洞窟のある場所からほんの20～30ｍほど下ったところにも直径わずか70㎝ほどの穴を発見した。

この穴は入口が小さいので、かがみ込んで下を覗き込むことができた。中はほとんど真っ暗で何も見えないが、懐中電灯の明かりを照らしてみると、一瞬引きずり込まれそうになるほど深い穴だった。

その内部の直径は４ｍほどになり、やはり美しい壁が垂直に落ち込んでいる。かなり深そうな穴で、一段目は20ｍあたりにステップのような状態になったものがある。その脇からはさらに深く落ち込んでいるのが見え、20ｍほどの二段目の穴の底部が見える。それ以上の穴の構造は実際に降りていかないと確認できないが、懐中電灯の光が届く範囲のおよそ40ｍほどは見えただろうか。

日本中からこの山に登りにくると看板に書かれていたが、さすがに沖縄では最大の霊場と言われるだけあって感じるものは大きかった。つまり、この山全体が人工「創造」物だと考えなければ説明がつかないのだ。それは私でなくとも、誰にでも感じられることだと思う。私に写真を見せた新島氏もそのように言っていた。

## 宜名真《ギナマ》の海底鍾乳洞は黄金山の縦穴洞窟につながっている？

話は変わるが、近年、この近くの海底に鍾乳洞が発見されて話題になっている。私はその海底鍾乳洞に潜ったことはないが、琉球大学などの調査でその洞窟内から石器のようなものが発見され、話題になっている。

そこを潜ったという知人の話では、洞窟内部の水面に浮上でき、新種のコオロギなどが確認されたという。一方、天井面にはストロボの光が届かないほどの深い縦穴が確認されているようで、地上に通じている可能性は大いにあると考えられている。

私が登った霊山は標高わずか248mなのに、山頂からは深い縦穴が2ヶ所は確認され、また海底からも上に向けて開いている深い穴が確認された。その洞窟内には陸上の生物も発見されていて、その場所は沖縄で最大の聖地と言われているエリアの地底なのである。

そのことに思い至ったとき、私はもしかしたら海底鍾乳洞とこの霊山の縦穴洞窟は内部でつながっているのではないかと思った。おそらく誰一人確認した人はいないと思うが、その可能性は十分にあると考えられる。

いつかチャンスがあれば、宜名真《ギナマ》の海底鍾乳洞にも潜ってみたいと思っている。

琉球大学の調査で石器と思われる石片一個が発見されただけで、その海底鍾乳洞が陸上にあったと決めつけるのは早計な考えだとは言えないだろうか。

私が持ち帰ってきた石の欠片は転がっていたものではなく、縦穴洞窟のそばの岩の一部であり、そこへもっていけばきれいに元の形に収まるのである。先ほども書いたが、その石片は部分的に3ミリ〜5ミリほどの薄い琉球石灰岩が覆っている。しかもそこには巻き貝らしき貝の化石も一個含まれているので間違いなく琉球石灰岩であろう。

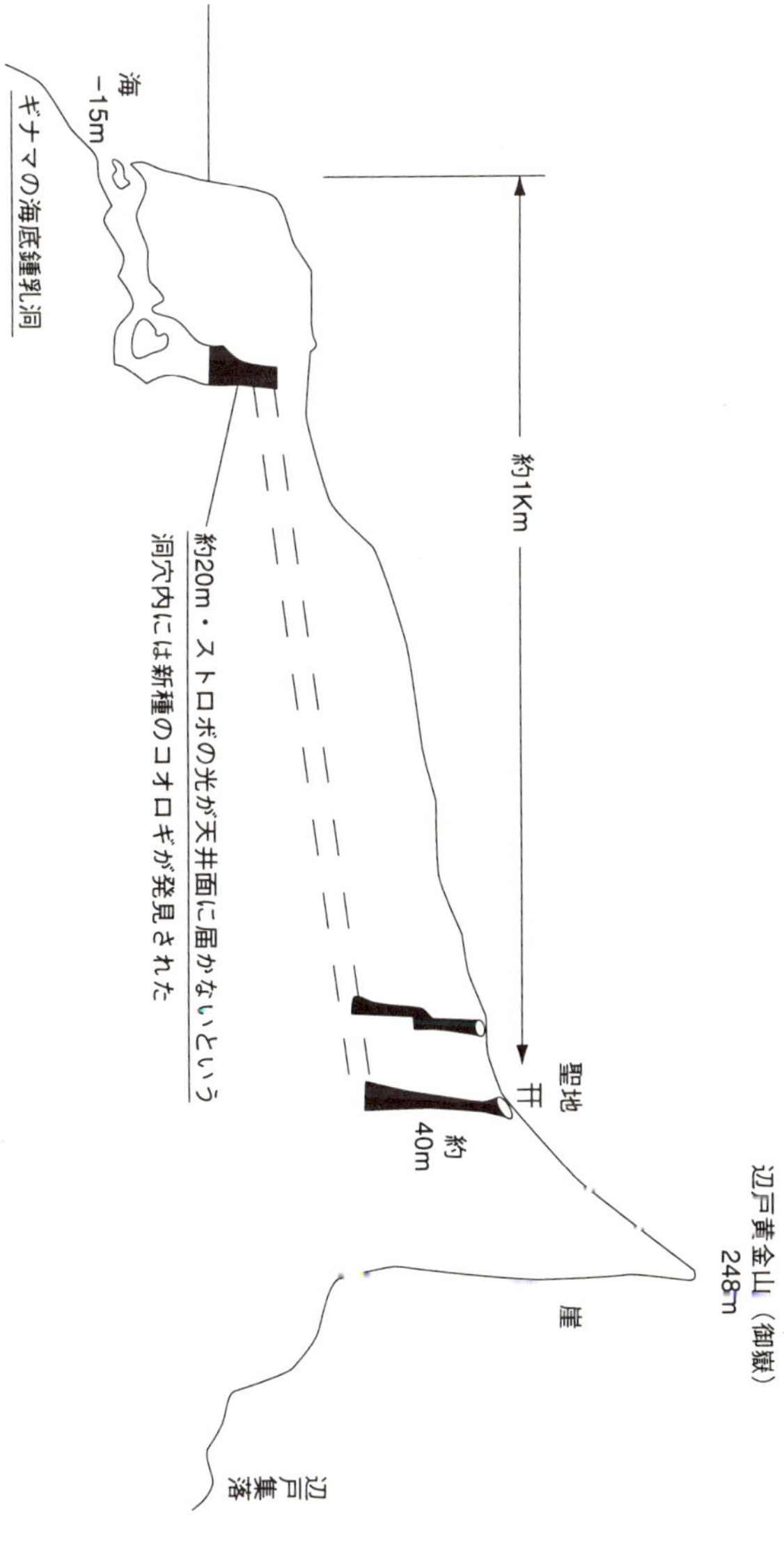


辺戸御嶽の地底想像図
ギナマの海底鍾乳洞につながっているかも？

山の頂という環境で、しかも岩を包み込むようにして琉球石灰岩が存在するということは、もはや琉球石灰岩が海中でのみ生成されたものと考えるのは無理がありそうだ。まるで、しつこく張り付いたチューインガムのような感じなのである。

最初に登った方の山にはまったく見当たらなかったが、二度目に登った尾根の付近にはもっと大きな石灰岩塊が部分的に確認できる。これは運んできて上空から撒き散らしたとでも考えなければ、誰も納得できないだろう。もちろん人間業でできるものではない。

エジプトのピラミッドの建設方法にしても、未だに人を納得させるような説得力のある説はないはずだ。「神々の創造」以外には考えられないのである。

海底の不思議な地形に関しては、ムーやアトランティスのように太古に栄えていた文明の跡が海底に沈んだのではなかろうかと考えた方が、たしかにロマンがあって面白いが、その前に琉球石灰岩が形成されるプロセスを解き明かすことの方が先決ではないだろうか。山頂付近の琉球石灰岩の存在を説明するときには、昔はその場所が海底だったと決めつけるように言われているが、島を海底に沈めれば島に存在する土は一夜で流失してしまうはずであり、これは逆に考えれば、島は隆起してできたものではないとは言えないだろうか。

数万年前にインド大陸の衝突で隆起したとされるヒマラヤの頂上付近には、登頂の際の難所とされる岩化していない「イエロー・バンド」と呼ばれるサンゴ層がそのまま存在しているると言われているが、これも何か人為的なものの関与でもなければ石灰岩は岩化しないということを物語っている気がしてならない。

山の縦穴構造は、宮古の伊良部島にある九つの縦穴洞窟に似ており、尖った岩片が立てられたような表層構造や、その斜面と背後に切り立つ垂直な断崖をもつ構造は、宮古の池間島の聖地である大主神社の地形や浜比嘉島の聖地にとてもよく似ている。

これまで各地で多くの御嶽を調査してきたが、人間が祀りあげた小さな御嶽は別として、昔から村落の遥拝所として知られている拝所の背後には、ほとんど洞窟や井戸のような地形が確認できた。これは逆に言えば、木がこんもり茂った森を見つけ、石灰岩の山のようなものが確認できさえすれば、そこは間違いなく拝所になっているはずで、つまり、不自然さが感じられる地形は聖地になっていることが多いと言ってよい。

〝黄金山〟という名前の通り、その山には私の求める「神々の創造」を示す痕跡がたくさん発見できた。後で述べるが、何度も足を運んだ沖縄本島南部の大聖地〝斎場御嶽〟にも新しい発見があったように、この聖地にもまだまだ新発見がありそうな気がする。機会があれば再度訪れてみたいと思う。

そして辺戸岬一帯の海岸の海水面のあたるレベルでは〝ノッチ〟と呼ばれる侵食の跡がはっきりと確認できた。この点は最後にまとめるが、とても大切な証明の一つになるので覚えておいてほしい。

## 久米島の海底鍾乳洞もガラサ山につながっているのでは

久米島の南西にある兼城港からほんの数分、直線距離にして1㎞ほどだろうか、港からの水路を出て最初のリーフを西側に回り込んだところに、発見者の名前をとって付けられたという海底鍾乳洞〝ヒデンチガマ〟がある。

この海底鍾乳洞発見のニュースは、1999年の4月15日の琉球新報夕刊と4月18日の朝刊にも掲載されていた。その新聞記事に、これまでの常識として陸上にあったときに水の侵食によって自然に作られた地形だとされると書かれていたのを覚えている。

今回の久米島行きの目的は、まず、具志川の清水小学校の前の浜にあるという二重に海水の浸食を受けた「Wノッチ」岩を確認することと、その写真を撮ることであった。次に、空港から近いところにある〝ヤジャーガマ〟という陸の鍾乳洞にも興味があった。この点は後の章で述べることにしよう。

たったの2泊3日という短い日程で希望の海底鍾乳洞に潜れるかどうか不安もあったが、ダイビング器材は一応持参していた。気になったことは確認するまで突き止めないと気が済まないからだ。

それというのも、宮古の鍾乳洞などに内部が空洞と思われる鍾乳石が存在することにこれまで疑問を抱いてきており、鍾乳石や石筍が水滴によって作られたという説には納得できないでいた。そこで、テレビや新聞などでこの海底鍾乳洞の鍾乳石や石筍を見たときから、それらもきっと内部が空洞になっているはずだろうという、同じような疑問をもっていたわけである。

さらに、宮古を出発する直前に、その洞窟に潜ったことがあるという人が私の店に来て、ポイントの位置関係を話してくれてから、ますます潜りたくなったのである。なぜならそこは兼城港から近く、陸側にかなり深く続いているという話だったからだ。

前回久米島を訪れたときに、その兼城港の近くの〝ガラサ山〟という小さな島に、煙突のように高く聳え立つ石灰岩が存在することに異様な印象を受けたことを覚えていて、海底鍾乳洞の位置関係を聞いたときにふと気になったのが、ガラサ山（島）との関連であった。

その海底鍾乳洞が直線ではないにしろ、島に向かって270m以上も奥行きがあるということは、少なくともガラサ山に近づいてきていることは間違いないだろうし、私が最初に興

海水面の変動によって、残されたといわれている久米島のWノッチ岩

久米島・ガラサ山（島）にそびえ立つ不思議な石柱

味を抱いた〝Wノッチ〟の岩も、意外とそこから近い距離にあったのだ。

私がなぜこのような陸側の場所との関連を思いついたのかというと、先述した辺戸岬の近くで発見された宜名真の海底鍾乳洞が、沖縄では最大の聖地と言われている黄金山の頂上付近から地底深く落ちている洞窟とつながっているのではないかと考えたのと同様に、この久米島の海底鍾乳洞も不思議な地形をもつガラサ山につながっているのではないか、と考えたからである。

冬の季節になるとダイバー客はほとんど来なくなり、この日のゲストは私だけであった。ガイドをしてくれたのがネプチューンというダイビングサービスを経営する今井氏で、船を出してくれたのが発見者の通称〝ヒデ〟さんだった。彼もまたダイビングサービスもやっており、海人でもある。

彼は漁で潜ったときにその洞窟を発見したというが、その〝ヒデンチガマ〟の入口は水深35ｍもある。しかも入口は体を斜めにしないと背中のタンクが岩に当たってしまうほどに狭い。しかし10ｍほど入り込めば内部は徐々に広がり、奥の方に進むにしたがって壁や天井の鍾乳石が多くなり、空洞部分も広がってくる。

ガイドの今井さんは私のリクエストに応えて小さな金槌を用意してくれていた。入口から約１００ｍの地点だと今井さんが言う広く美しい空間に、石筍や鍾乳石が何本かあり、金槌で軽く叩いてみると想像していたとおり、まるで内部が空洞になっているかのような音が確認できたのである。周囲の岩とは完全に音が異なり、まるで木琴でも叩いているように一個一個の音色が違っていた。このことは少なくとも、これまで考えられてきた石筍や鍾乳石ができあがるメカニズムを考え直さねばならない良い材料にはなるのではないだろうか。

前回入った学術的な調査隊によると、依然として同じような水深で、奥行きが270mまで確認されており、さらにその洞窟は奥の方へとつながっているとされている。残念ながらこのような海底洞窟では、いかに自在に動き回れると言っても、スキューバなのでどうしても空気の量と潜水時間に限界がある。

はるか彼方の宇宙へ向けて飛び立つことは可能になっても、水中の世界では水深わずか35mの世界でさえ人体に影響を及ぼし、270mより先の調査は危険が伴うし、未知の世界なのである。

これはまだ〝異端〟の考え方になるのだろうが、私はこのような海底に見られる不思議な地形の数々は、島々が「創造された」際に意図的に創られたものではないかと考えている。というのも、現にこのような地形は宮古の海底にはたくさん見られるうえに、陸上の鍾乳石の中には内部が空洞になったものや直角に曲がったものさえあり、とても自然にできた地形だとは考えられないからである。

考えられないと言えば、同じ久米島には溶岩が海水で冷やされて急激に固まってできたとされる「柱状節理」と呼ばれる畳石がある。久米島では火口や噴火の形跡のようなものは確認されていないが、畳石のめくれた部分の隙間には小石が挟まれていたり、畳石の模様にも多様性があることなどを考えあわせると、私は、これらも人工的に建設されたものだと考えている。

## 北谷・砂辺の海底遺跡に潜る

沖縄本島中部の西海岸に、ダイバーの間では海底遺跡として知られる砂辺ポイントがある。そこはビーチから泳いでも行ける距離であるが、遺跡と呼ばれているポイントが何ヶ所かに分かれているという話なので、小さなボートをチャーターしガイドも一人つけてもらって潜ることにした。

北谷漁港からわずか3分ほどで遺跡ポイントに到着する。当日はこの季節では珍しいほどのべた凪で透明度も良く、浅い海底の地形が手に取るように見える最高のコンディションだった。

アンカーを下ろしたところが〝遺跡ポイント〟と名づけられたところで、エントリーすると真下に城壁のように切り立った地形が見えていた。海底の砂地からの高さはわずか4mほどしかないが、直線の壁がおよそ50mほど続いた後は普通の海底地形になってしまう。しかし、その垂直の壁が続く一角には半円形に抉られたような地形が見られ、まるで陸上で見られる城跡の城壁のようにも見える（表紙写真参照）。

しかし、それが城壁ではないことは一目瞭然である。なぜなら、もしもそこが城壁だったとすれば、その内側は城壁より窪地でなければならないのに、内側には〝城壁〟の上部よりも高くサンゴが成長しているからである。窪地でサンゴが発達するならば、城壁にもサンゴが同じように成長を遂げるはずであり、城壁が全体的に低くなることは考えられないことなのだ。

平均水深は約10m、30分ほどで決められたコースを回ることができた。36枚のフィルムを撮り終えた時点でいったん浮上し、船を移動させて次は〝ピラミッド〟と呼ばれているところにポイントを変えた。

最初に潜った城壁のところから南へおよそ300mほど移動しただろうか。深いところで水深が20mほどあったが、全体的には階段と直線で構成されている地形で、たしかに自然界の海底では見られない地形である。

この地はたしか、今からおよそ30年ほど前に現在の護岸のところまで埋め立てられたはずで、本来の陸上や海底の地形がどのようなものであったかが分からないのが残念であるが、遺跡ポイントを含む、現在ダイバーたちが潜っている辺りの砂を浚渫して埋め立てに利用した可能性は十分に考えられる。

その浚渫工事にはエアーリフトのようなもので砂だけを吸い上げたのか、それともショベルのような重機械を利用して比較的浅い珊瑚礁を岩ごと砕いてしまったのか、そのときに削り取られたような跡がたまたま階段状に残されたのか、海底の岩盤には重機で掻いた爪痕のような筋がきれいにあるのが確認できた。

しかしその爪痕が美しすぎるのだ。船上から無造作に海底に降ろされて砂や岩を砕き取る機械が、海底の岩を階段状に残して削り取ることなどできるだろうか。それはちょっと不可能と思えることであり、削ったような爪痕が横幅2m弱で平行にまっすぐ並んでいるのも不自然である。もしこの海底の地形が重機によるものであったなら、オペレーターは神業を行ったと言っても過言ではないだろう。

仮に重機によって削られたとしても、垂直壁の下部層が抉り取られることなど絶対に考えられないし、また、壁面が美しい階段状に削り取られることも考えられない。個人的な感想を言わせてもらえば、その海底の遺構は与那国や慶良間の海底地形に比べれば神秘さや迫力の点で見劣りはするものの、絶対に自然に残された地形ではなく、人工的なものである。

しかし、それが一体何なのかと聞かれても、分かる由もないが、不思議な海底の地形だけを見つめていても、なおさら謎が募るばかりである。そういう意味では最近の私は陸上も含めてグローバルな視野で考えるようになってきた。

港から船が出た時点から私の目は陸に向いていたのである。ポイントの山立てをするという習性もあったが、沖から見る陸上にはラクダの背中のような不思議な形をした山がいくつかあり、さらに海岸線を北の方へと遠くを見渡すと、そこにも不自然な感じのする巨岩の集中した地形が確認できた。

距離は多少離れていても何かが発見できるのではないかと思い、午後は海上から見えていた不思議な地形をした山を探すことにした。一つは国道と沖縄市からの国体道路が交差する延長に、琉球石灰岩でできたドングリのような形をした岩山を見つけたが、思ったとおりそこは御嶽になっていた。周辺の地形が平坦なことを考えると、どうしても人工的に積み上げられたとしか思えない岩山が存在したわけである。

もう一つのラクダのコブのように見えた不思議な形の山は、米軍基地のフェンスの内側にあって残念ながら登ることはできなかったが、埋め立てられた地形とは関係のない自然のままの海岸線には、砂辺、嘉手納、水釜、読谷、残波と不思議な地形が延々と続いているのが確認できる。これは実際に歩いてみないと感じられないだろうが、自然の力だけでできあがる地形ではないだろう。

後で知ったことであるが、この砂辺には地元住民でさえあまり知らない〝クマヤーガマ〟と呼ばれる鍾乳洞があるという。〝クマヤー〟とは天照大神に関連するという。そういえば、伊平屋島には天の岩戸として知られる有名な『クマヤの洞窟』がある。「琉球列島は一番最後に創られたのだ」という比嘉芳子さんの言葉を借りれば〝クマヤー〟とは天人《アマンチュ》たちの寝室であるという。つまり神々の館であり、神殿なのであろう。

海底には洞窟のような地形は見当たらないので、宜名真の海底鍾乳洞や久米島の海底鍾乳洞などとはパターンが異なるが、距離は遠く離れていてもおそらく地上の地形との関連はあると思うのだ。海底遺跡ポイントからの距離もかなり遠いが、埋め立てられる以前は海岸に近かったはずの場所に、神々の館ともいえるクマヤー洞《ガマ》が存在しているのである。これは自然のいたずらで済ませられることだろうか。

いずれにせよ、この砂辺から近い嘉手納や楚辺《ソベ》の米軍基地内には昔から神話や伝説の多いところであり、まだまだ不思議な地形がたくさん隠されていることだろう。

## 与那国島の海底遺跡と三天母神

与那国島は日本の最果ての島で、天気の良い日には東シナ海のはるか海上に台湾の姿が見えることもある。日本の最西端に位置していて台湾までの距離はおよそ110km、東西約12km、南北約4kmで、人口はおよそ1800人の小さな絶海の孤島である。

もうかれこれ10年ほどになるだろうか。島の南側に面した新川鼻という断崖絶壁のふもとの海中に、美しく直角に切り取られたような階段状の地形があり、〝海底遺跡ポイント〟としてダイバーたちの話題を集めてきた。

マスコミなどもこの地形を大きく取り上げたために、考古学や地質学、人類学など幅広い分野から注目を浴びることになった。ここ数年は、このポイントは過去に沈んだとされる〝ムー大陸〟の遺跡ではないかと主張する学者さえ現れており、あのベストセラー『神々の指紋』の著者であるG・ハンコック氏も、地質学者らと何度もこの島に訪れ、それが超古代の人工物であると固く信じているようだ。

彼ら以外にも国内や海外からの調査隊は多く入ってきており、その地形が人工物であるにしろ、自然にできた造形にしろ、とにかく現在では世界的に注目を浴びた〝海底地形〟となってしまったのである。

与那国島の“海底遺跡”。自然のままの地形（写真左側）と人の手で切り取られたかのような美しい直線の違いに注目してほしい。

現段階ではいずれの説も否定も肯定もできないが、私としてはこれまでの調査でもそうだったように、神話や伝承に基づいた「島々の創造」説という立場でとらえてみたい。そのためには、いったん海から遠ざかることが肝心だと思う。なぜなら写真のように、これらの地形があまりにも人工的過ぎるために惑わされるものを感じるからである。

この一帯、新川鼻から立神岩にかけての海底では最近でも不思議な地形をした場所や岩の発見が相次いでいるようだ。しかし最初に私が書いたように、はなから人工物だと信じ込んでいる人の目で見れば、海底の溝1本でさえ怪しく感じてしまうことになる。そこで、陸に上がった方が、つまり現場から少し離れた方が、客観的に全体像が見えてくる気がするのである。

実は、この海底遺跡と呼ばれている地形の最初の発見は、今からおよそ50年以上も前のことだという。現在では石垣島で漁師をしているという田本義則さんとその仲間が発見者だったようだ。最近マスコミによく取り上げられるのでそのことを思い出したというが、当時は、この地（新川鼻）付近の海に近寄ってはならないという言い伝えを聞いたことがあって、恐れの念を抱いていたと述べている（八重山新聞98年2月22日）。

この「近寄ってはならない」という言葉の裏には、その海は波や潮流が激しく危険な生物などもいて、子供たちだけで遊ぶには危険な場所であるということもあろうが、それ以外にも、そこには魔物や神様がいるから行ってはならないというニュアンスも含まれているのであろう。

言い伝えといえばこの島にも、海から現世の人々に五穀豊穣をもたらすという来訪神の話が残っている。その代表的なものが洞窟などに住んでいたとされるミルク（弥勒菩薩）神である。また、この島には〝ハイドゥナン〟という、島の人たちが夢見た桃源郷、架空の島の話もあり、それによると、この幻の島は「創造された」ことになっているらしい。

最初に人が住み始めた頃はとても小さな洲（ドウニ）だったという話で、その後に神の力によって島は大きくなり、谷や川もでき、本当に住みよい美しい島になって、人々の暮らしも前より豊かになったという話である。一言で言ってしまえば、この島は神々によって「創られた」島であるという話である。

単純すぎる解釈だと言う人がいるかもしれないが、現に、与那国島は「創造された」という伝説が残されているのだ。その島の海底遺跡と呼ばれている地形は、「神々による創造」の際の痕跡の一部とは考えられないだろうか。聖地・ティンダバナや立神岩やクブラバリ周辺のように、不思議な地形が各地で見られるのはそのためだと考えた方が納得できるような気がするのだが。

海底遺跡のある新川鼻の山頂には砂岩と思われる丸い感じの岩が散在しているが、それらの岩肌には北谷町・砂辺の海底遺跡に見られる、重機の爪痕のような筋が何本かあった。しかしその場所は、とても重機が入れるようなところではない。しかし、どう見ても自然にできた傷痕とは考えられないのである。

なぜ私がこのような山奥にまで足を運んだのかというと、辺戸の御嶽と海底鍾乳洞の関係が強烈だったからである。海底に不思議な地形があれば、必ずといっていいほど、陸側にも神々の痕跡のようなものが発見できる。そんなことを考えながら、たまたま見当違いで来てしまった山頂付近に、そのような不思議な石があったということなのである。

いったん山を下りてから海底遺跡に近いところに行ける道を探したが、他に道らしき道も見当たらず、何度もあきらめかけたりした。結局最後の望みとして、与那国町役場の教育委員会を訪ねて新川鼻に行ける道がないか聞いてみた。

教育委員会の職員は壁にかけてあった航空写真を指差して、その道を教えてくれた。しかし、教えられた通りに何度もチャレンジしてみたが、そこには深い密林しかなかった。そして、もうあきらめかけていたときに、獣道のようなものを発見した。直感というか、そういったものを信じてその道を進んでいったわけだ。

新川鼻の山頂付近に散在している岩。北谷の海底でも見られる重機の爪痕のような筋が入っている。

新川鼻近くの崖付近で拝所発見！　祀られているのは大地を「創造」したイザナミか？

すると、かなり進んだところに「三天母神」と書かれた拝所のような所が見つかったのである！「やはりあったか！」と、私の信じていたことが現実となったので大感動をした。その一帯は潅木に覆われていて、近いはずの海がまったく見えない。それは垂直に近い崖の上にあった。

そこには何の変哲もない、３ｍほどのサイズの岩があって、そのそばに香炉が一つあるだけというシンプルな拝所であるが、これまでの経験から、急な崖を上り下りできない年寄りたちのためというか、本来の御神体とされるところまで行くことがかなわない人たちのためのものであろうと思われた。というより、この一帯のすべてが御神体、つまり「創造された」地形であるということであろうか。

「三天母神」とは、アマテラスとイザナミとその母神を指すと聞いている。イザナキとイザナミは神話の初めに地形を創造する神として登場してくるが、〝大地の母〟とは母神イザナミのことである。ということは、大地（島々）の創造者なのである。

つまり、この地は「創造された」地であるということを伺わせるものなのではないか。聖地とされるところには必ずこうしたものが発見できるのである。

海底遺跡の地形とよく似ていると言われる〝サンニヌ台〟にも行ってみた。東崎から近い島の南側に面していて、海底遺跡ポイントからは約2㎞ほど東に位置している。しかし、海底遺跡の地形とはまったく関連性はないように感じられた。

海岸に面して20〜30ｍほどの崖を構成しているこの一帯の地形は、緩やかな下り斜面で海側に突き出ていて、岩肌の表層は手で簡単に剥離できる状態で、もしこの地形が海底にあれば、簡単に波の侵食を受けてかなり大きく変形しそうな地層である。

また、そこに立つと両側に見える岩肌はサンニヌ台とは地層がまったく異なり、泥岩のような感じがする。その崖の壁面（表面）には、ところどころ異質の丸い岩が突き出ているのが見られるが、そこには板状節理はまったく見られない上に、崖の上部がいずれも土の層になっているのが不思議である。

壁面から異質の岩が見えるということは、その地形を構成している岩はもともとは土だったとは考えられないだろうか。創造者たちは様々な土を練って様々な種類の岩石を「創造した」のではないかと考えられる。

「三天母神」は、階段状の海底地形を含め、その一帯の不整合な地形の謎を悟れと言わんばかりに、崖の上に居座っているような気がした。

新川鼻近くの海岸にあった奇石。壁面から異質の岩が突き出ている。

話は変わるが、沖縄県立博物館の化石に詳しいというK氏は、すべての土はもともとあった岩が風化したものだと教えてくれて、私と意見が分かれたことがあった。彼ならおそらく、この地の表層部の土も、岩が風化したものだと答えるだろう。

しかし、では博物館に展示されている、石の中に隠されている数々の生物の化石は、まだ生きていたときに石の中に潜り込んだのか、と言いたくなってしまうような言葉だった。

このように「創造された」という概念で海底遺跡と言われている地形を眺めてみると、あらゆる地形の謎が解けてくる。

まず階段状の地形であるが、背後の崖を構成している岩石と異なることは素人が見ても分かるはずだ。そこは切り出された岩石を加工したり積み上げたりした石造文化ではなく、基盤からなる巨大な一枚岩が自然にか人工的にかは分からないが、偶然形が整っただけなのであろう。

海底遺跡の写真を提供してくれたダイビングサービスを経営する谷口修氏は、ある年の台風によってその上端部がきれいに剥ぎ取られたことを確認しており、この地形を自然の造形だと信じ込んでいるようである。このような証言を元にすれば、階段の寸法を根拠に巨人が使った階段や神殿だったのではないかと考えたり、過去に沈んだと考えること自体がナンセンスだということになる。

そんなことよりも、なぜ岩石が美しいまでに垂直や水平に剥離するのかの究明をするべきであろう。そこには、その一帯にはないはずの石灰岩が積み上げられた岩があったりもする。つまり、創造者たちが「創造」の際に残した痕跡であると考えた方が納得が行くのである。

## 慶良間の海底遺跡にグラハム・ハンコック氏と潜った！

最初に慶良間の南方でセンターサークル状の地形を見たのは１９７６年頃だった。潜水漁をしていた頃に見たのだが、本格的な調査を始めて再発見となったのが１９９４年で、慶良間の海底遺跡が公表されてから6年たっていた。

私には岩石に対する専門的な知識はないが、センターサークルやストンサークルと呼ばれる一帯の海底の基盤は石灰岩であり、その上に慶良間では〝マー石〟と呼ばれ、神の石とも言われる砂岩のような丸い形の岩で構成された地形になっていることくらいは分かる。

この海底地形の特徴は水深25ｍ～30ｍほどの平坦な岩盤上に、五角～六角形や円形に近い幾何学模様（丸い砂岩からなる）があることや、祠のような形をした岩やピラミッド、あるいは階段のような地形など、変化に富んだ地形が多いことである。

それらの中で一番シンボリックなものは、海底の平坦な基盤を掘り下げて作られたような

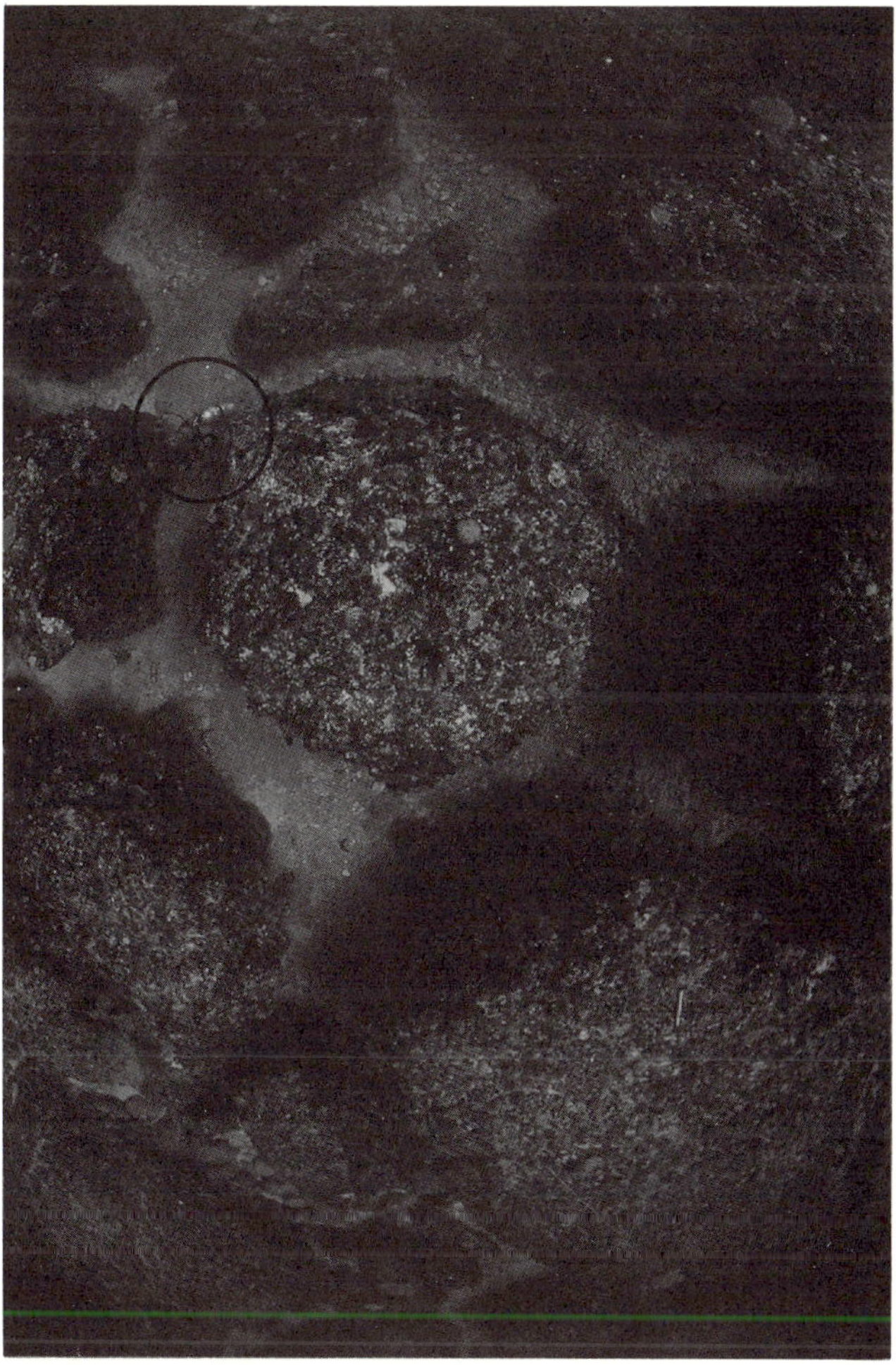

六角形に見える慶良間のセンターサークル。○部分にダイバーがいるのが見えるだろうか。

センターサークルと呼ばれているものであろう。中央に直径と高さが約３mほどの柱（六角）があり、その柱の周囲には六方向に溝や岩があって、ある角度から眺めると美しい六角形に見える。

その中央の柱を挟んで、西側と東側の壁には丸い砂岩が石灰岩に接合されたかのように顔を覗かせている。この二つの石は、初めはサンゴや海綿などにすっぽりと包み込まれていたが、それらの付着物を除去したときにはじめて砂岩と分かったものである。

その砂岩は人の首ほどしかない接合面によって壁面から露出しているのだが、普通の石灰岩であれば足で蹴るだけで簡単に割れるはずなのに、金属製の大きなバールで叩いても落ちないほど強固に張り付いている。

石灰岩の岩盤の壁面から砂岩が垂れ下がっていることだけとっても不思議なのに、東西に対照的に配置されていることを考え合わせると、自然の造形物と考えるにはかなり無理がありそうだ。さらに驚くことに、それらの石を金槌で叩くと何ともいえないほど澄んだ音色が聞こえてくるのである。

私が鍾乳石を叩き始めたことは書いたが、海底の石まで叩く人はおそらくいないだろう。中央の柱の上に座って両方の石の音色を同時に聞くことができたなら、どれほど素晴らしい音が聞こえてくるのだろうか。想像すらできない。次回に潜れるチャンスがあれば必ず実行してみたいと思っている。

ちなみに霊能者の比嘉芳子さんが「ここが人間も科学によって創造された場所である」という言葉を発したのも、これらの写真を見たときであった。何を見てどのように感じたのか、比嘉さんの脳は特別な構造をしているのか、それとも我々が凡人過ぎるだけなのか。

ある学者はこの地形の写真を見て、この場所が隆起して陸上にあったときに、水の侵食によってできた溝だと言っていたが、この地形はほとんど平坦であり、窪んだ溝に水が流れ込むような構造をしていないのである。どうしても海水面よりも上にもちあげたくなってしまう気持ちはよく分かるが、仮にそれができたとしても水は流れてはくれないだろう。

初めにも書いたように、海底遺跡でも何でもないところのたった一本の溝を調べるだけでも、水の流れ、つまり重力を無視しなければできない構造になっていることが分かってくるはずだ。

両者は同じ写真を眺めて出てきたまったく異なる意見であるが、一般的には学者の言う侵食説に軍配が上がるのだろう。この海底で人間が「創造された」なんて、いかに霊媒者とはいえ、一般的な感覚でいうとまったく理解できないことであり、想像すら及ばないようなことなのだから。

これらの場所も何度かテレビで放映されているのでご存じの方も多いと思うが、ストンサークルやセンターサークルの周辺一帯は、石灰岩が砂岩と接合されていたり包み込んでいたりするという不自然な取り合わせの地層で、学者の言う「不整合地帯」である。学術的には単に「不整合が発達している」ということで片づけられてしまうのだろう。

まだ公表されていないが、海底遺跡のあるトムモーヤの南方1㎞ほどの水深30mあたりには、直径1mほどの大きな砂岩が厚さ2mほどのコンクリートのような石灰岩の中に閉じ込められて固められたような層が、かなりの範囲で分布している場所がある（しかも海底の地盤から剥離して）。信じられない光景であり、とても海底の地盤とは考えられないという不整合の極めつけのような地形である。

それらの岩は、まるで意識的に捨てられたかのような砂岩の山のようなところにあったり、周辺の地形とは調和しない不思議で珍しい海底地形に広がっているために、現在の科学レベルではどうしても浮上させて解釈しなければ納得できないのだろう。

これら以外にも、三角錐のピラミッド型の岩や切り取られたように直角になった階段状のものがあったりなど、多種多様な地形が多いところなのである。いかに浮上と沈降を繰り返したとしても、とても偶然によってできあがるような地形ではない。

このような不思議な地形は粟国島や奄美大島などにも存在し、奄美大島のとなりの喜界島の海底にもかなりダイナミックな遺跡様のものがあったという証言者がいるが、確認は未だになされていないようだ。

数あるこれらの地形のうちでも与那国島の階段地形にはとくに興味を惹かれる。その魅力に惹かれて遠く離れたイギリスから何度も与那国島を訪れているというグラハム・ハンコック氏が、慶良間の海底遺跡に潜りたがっているという話が、巡り巡って私のところにやってきた。

2000年4月、G・ハンコック氏は慶良間を潜るのは2度目だというのに、沖縄に住んでいる我々とは違って、遠路はるばるやってきたという気持ちがどうしても出てしまうのだろう、1分1秒を惜しんでいるような感じが受け取れた。

潮の流れが我々の調査を遮ったのである。G・ハンコック氏はビデオを、奥さんのサンサさんはカメラを準備して、用意は万端整っていたのであるが、潮の流れは止まる気配もなく、揺れる船上で時を待った。

6年前に始まった私たちの調査隊は自然消滅してしまったが、G・ハンコック氏の依頼をきっかけに久しぶりに慶良間のセンターサークルに潜ることになったのである。私にとって

G・ハンコック氏（右)、サンサさん（中央）と著者（慶良間・阿嘉島にて）

はポイントのリサーチという形になるが、久々に見るセンターサークルにはやはりただの地形ではないという感じを受ける。G・ハンコック氏も同じようなことを言っていた。

たった2日間の調査では新しい発見はなかったが、潜水漁をしている漁民たちからも、このトムモーヤ以外にも不思議な地形をした場所はあるという情報はたくさん入ってきているし、今後ハンコック氏がどのような形で調査を進行していくのかが、楽しみになってきた。

## 霊能者・比嘉芳子の見解

ここでは、沖縄の霊能者である比嘉芳子さんが慶良間の海底地形の写真を見て言った「海底遺跡が何なのかより、なぜ今そのような発見が起こっているのか、その謎を解け！」という言葉からヒントを得たことを書き込んでみることにしたい。

この言葉は、今から5年ほど前に比嘉芳子さんから私に向けられたものであり、私はその謎の解答とは〝科学の時代の到来〟ではないかと思っている。例えば、ジャック・イブ・クストーらが開発した〝スキューバ〟の発明が海底遺跡の発見につながったわけだし、ライト兄弟の発明した空を飛べる飛行機によって、南米ナスカの地上絵が発見されるに至ったわけである。

以下は比嘉芳子さんの独り言というか、海底遺跡と呼ばれているところの写真を手にしながら〝テレパシー〟で届いた言葉を語ってくれたものである。理解に苦しむところもあるが、（　）内は私の分かる範囲で解釈を入れてみたものである。

※テレパシーに関しては現在の科学をもってしても解明はなされていないと思うが、本人がそのように言うので、ここではあえてそのまま採用した。

『…見渡す限り海原の…山（島）つくりの後の、天人《アマンチュ》が世（地上）に降りる前、沖縄に降りる前のこと…。（まだ山［島とか大陸も含めた呼び方］がなかった頃から、山がつくられて、その創造者たちが島に降りてくるまでのこと…）

…人間創造して一緒に住んだ時代のことをアスカ…観音世の始まり…と言う。（イザナキとイザナミを代表とする地形創りが完了し、生命の創造に移り、人間が創造された後の時代がアマテラス世であると言う。それは〝観音世〟とも、〝アスカ〟とも言うらしい。そして、この時代に〝アスカ村〟とか現在の町や村の名前を付けた…）

…創られた最初の人間たちは凄いパワーをもっていた…。（現在の人間よりも進んだ科学技術があったということ）

…人間技とは思えない石工（遺構）や地形は天人《アマンチュ》と共同でつくったもの…。

…沖縄でも最初につくられた人間は神に近かった…。（人間業と思えない地形などは天人と共同でつくった…）

ここまでの内容を少し整理すると、比嘉さんは海底遺跡というスポット自体にはまったく触れていない。これは最初に「海底遺跡が何なのかより、なぜ今そのような発見が起こっているのか、その謎を解け！」という言葉を紹介したように、遺跡自体はそれほど重要ではない。天人、つまり創造者たちが大地や島々や人間を「創造した」こと、そして創造された当時の人間が天人（創造者）に近い科学力をもっていたことを暗に訴えているような気がしてならない。

そして、海底遺跡そのものをつくったとまでは言っていないが、人間業とは思えない構造物などは天人たちと共同で「創った」ということを訴えているような気がしてならない。

比嘉さんとの最初の出会いのときに、慶良間の〝センターサークル〟とわれわれが呼んでいる地形の写真を見せたとたん、いきなり「神々の科学の場所である…人間もここで創造された…」と聞かされたときには、まったく拒否反応しか起きなかったが、ＤＮＡや遺伝子の解明がここまで進んできた現在では、学者の言葉よりもはるかに私の心を突く。

霊能者・霊媒者と言われる人は世界中にはかなりいるだろうが、比嘉芳子さんは以前から真実、つまり地形や人は天人《アマンチュ》たちによって創造されたものであるということを悟っていたのだろう。しかし、現在でもまだ進化論のまかり通る時代であり、琉球列島がかつて大陸とつながっていたことや浮沈を何度も繰り返してきたことがいまだに信じられている時代なのである。

比嘉さんがこれまで世に出なかったということは、悪の世（今の世）の相手をしても無駄だということを悟っていたのだろうか。こんな世でたった一人の年取った女性がこれまでの説を覆すような叫び声を上げても無駄だということを、ご本人が一番理解していたのだろう。

何事にも時期とタイミングが必要であるが、海底遺跡の発見などはまさにそうで、遺跡そのものが何なのかより、島々が「創造された」ときに残された痕跡であると抵抗なく叫ぶことができる時期が到来したのだと私は思っている。

だとすると、沖縄でも数いる霊能者の中から比嘉さんのような人と出会えたことや、海のことを何も知らない状態だった私が沖縄に来て最初にそのような地形を見せられたことも必然だったのだろうか。

比嘉さんは写真を見ただけでもだいたいのことが分かるというが、先述した宜名真《ギナマ》の海底鍾乳洞と辺戸の黄金山の縦穴洞窟などのつながりや、久米島のガラサ山の柱のような石塔と海底鍾乳洞のつながりなどを述べた話は、私の意見を支持してくれているようにも感じている。

そして比嘉さんは子《ネ》年のあなたへと言って矛先を私に向け、深海の謎を悟ってほしい…、自分（創造者）たちが創造した生態系が整った状態の大自然がいかに大切かを訴えてほしい、さらに海底地形の〝謎悟り〟をしてほしいと訴えてきたのだった。

# 第二章

## 沖縄各地の地形や地層から浮かび上がる「創造」説

## 東平安名崎のリーフでも続々と不思議な岩の発見が！

宮古島の観光名所といえば、東の突端に細長く突き出た半島の東平安名崎が有名である。岬の先端から北の海岸線を見下ろすと、大小様々な岩がリーフの上に散在していて風光明媚であるが、一見すると異様な光景にも見える。

これらの岩群は過去の大津波によって運ばれたものとされていて、それを疑ったり疑問視する者は誰もいない。当然の如く私もそのうちの一人だった。が、今は違う。

陸上の話をする前に、岬の北東側に離れて見える〝パナリ礁〟と呼ばれている環礁から、東に向かって2マイルほどの地点に、潮流は早いが宮古では最高の漁場がある。その話をしたい。

まだ魚突きをしていた頃に何度か潜ったことがあるが、地形にあまり興味のなかった当時でさえ、不思議に感じた地形があったことを思い出し、プロのダイバーを何人か誘って潜ってみることにした。

昔とは違って最近では現在位置と水深が瞬時のうちに分かるＧＰＳ（最新機器のカーナビにも使われている）を使って海底の深さを測り、地形に変化のありそうなところや魚影の多く写っている適当な場所に何ヶ所かアンカーブイを設置する。そしてそこを拠点にして激しい流れにそって泳ぐことにした。

ダイバーは私を入れて4人。2人ずつ交替で潜ることにした。

船上からも潜っている位置が確認できるように、ロープの先にフロートブイを縛り付けたものを個々に持たせ、面白そうな地形が見つかったらそこに縛り付けて浮上をするように他の3名には頼んでおいた。

最初に飛び込んだ2人のブイがどんどん移動していくのが船上からよく確認でき、流れの速さが感じられる。平均水深が25mほどで潜水時間はおよそ40分だったろうか、2人は大物回遊魚や普段はあまり見ることのない魚が群れている場所に目印のブイを縛って浮上してきた。

次のわれわれ2人はそこから潜ることにして飛び込んだ。潮通しの良い場所でしかも透明度が良いので、水深25mの海底がまるまるすぐに目に飛び込んでくる。先の2人は魚の群れに目を奪われて周囲の不思議な地形には何も感じなかったのだろうか。その海底には巨大な岩塊が、まるで港の入口で波の侵入を塞いでいるテトラポッドのように並んでいたのである。いったいこの大きな岩の塊はどこから来たのだろうか。それはまるで人工的に創られた漁礁ではないかと感じられるほどのものだった。

さらなる発見は、それらの岩を支えている海底の地盤が土（クチャ）であったことだ。この土の存在には驚きを隠し切れなかった。なぜなら過去に25年以上も琉球列島の各地を潜ってきたが、クチャの海底は初めて見たからだ。その土の地盤の上に巨大石灰岩が並んでいるのである。

それらの巨岩は不規則で乱雑に散らばっているように見えるが、周囲は水深が比較的浅く、平均20ｍほどの広大で平坦な岩盤だ。そこから深みに落ち込む辺り一帯だけが漁礁のような感じになっており、巨大な岩が無造作に積まれたようにも見える。そこは当然、魚影が凄まじかった。

このような地形が東端落ち込みの、水深が35ｍ～45ｍの辺りにも同じように見られる。とくに遠景（俯瞰）で全体を見渡すと、滑らかな地盤の周辺の落ち込み（壁）を包み込むようにそれらの岩々が配置されているようにも見える。分かりやすくいえば防波堤の外側に積み上げられた消波ブロックのような感じなのである。

このように説明がつかないような海底の地形を見てからは、私は東平安名崎一帯のリーフ上に散在している岩からも必ず不思議なものが発見できるものと最初から決めつけ、２台のカメラと何種類かのレンズを準備し、まだ完全に潮が引ききっていないリーフの上を歩きはじめた。

大潮の干潮時には一帯のリーフが干上がって隣の吉野海岸まで歩いて渡れるようになるのだ。予想は的中し、そこには思った通り不思議な形と構造をしている岩がたくさん発見できた。

生きたサンゴは少なくリーフの表面は地盤の岩盤が剥き出しになっており、その地盤と上の巨岩の接合面が密着していて隙間が見られなかったり、転石ではなく地盤の岩盤から生えている感じの〝地盤と一体型〟の岩もあったし、転石にしては説明がつかない2段、3段と上部に重なった岩や横一列に並んでいるもの、石灰岩以外の異物（丸型の石）を含んでいる岩などもあった。そんなものが続々と見つかるものだから、唖然とさせられてしまった。

これらの散在して見える岩の多くは転がってきたものではなく、「何者かによって置かれた」と表現した方がよさそうな気がする。

## 「石舞台」の上方にあった竜神を祀る御嶽

それらの数ある不思議な岩の中でも一番興味を引くものといえば、なんといっても〝石舞台〟だろう（口絵写真参照）。

これは私が勝手に名づけたもので、平安名《ヘンナ》崎と吉野海岸のほぼ中央の、どちらから歩いても1時間ほどのところにある面白い形の岩のことである。奈良の飛鳥に見られる石舞台ほどの大きさの巨岩がたった4本の細い石柱の上に横たわって乗っているのである。その巨岩の下は小さなタイドプールになっていて、腰くらいまでの深さがあり、普通の大人の身長であればかがまなくてもくぐれるほどの隙間があるのだ。

4本の石柱は、今にも崩れてしまいそうに細く、崖の上から転がってきたとする説明は成り立たない。さらに驚くことに、その石柱と巨岩の接合面はカミソリの刃どころか髪の毛一本も通さないのだ！　つまり、鉄と鉄を溶かしてつなぎあわせる電気溶接の痕にも似た接合面になっていて、不思議さは一段とつのるのだ。

この石舞台の巨岩は前面（海側）と裏側（陸側）では形がまったく異なっている。前面の切り取られたような形に対して裏面はブタのお尻のような丸みを帯びており、崖を構成しているゴツゴツした表面の石灰岩と同一のものとは信じがたい。

また、この周辺の崖は一見岩石のようにも見えるが、中層から下の方はほとんどがクチャ（土）であり、その土が侵食されて、上の方が崩れ落ちたのではないかと一瞬思ってしまうが、実はそうではない。

この石舞台の岩もそうだが、リーフの上に散在している岩群には不自然な点が多く、島の本体を構成しているクチャが波に浸食されて流失するのを防ぐための護岸の役割を果たして

前面（海側）から見るとシャープに切りとられたようだ。

見る方向によってさまざまな表情を見せる石舞台。上は海側から、下は陸側から撮影。口絵写真も合わせて参照してほしい。

いるのではないかと考えた方が納得がいくのである。

先にも書いたが、パナリ礁沖の海底にもこのような地形が存在する。陸上では護岸となり、海底では漁礁となっているように思え、とても自然にできた造形だとは信じがたいものがあるのだ。

私は石舞台のある崖の上に目をやった。そこには最近オープンしたゴルフ場のクラブハウスの屋根が見えているが、これまでの直感のようなもので、崖の上にも御嶽（拝所）のようなものが存在するはずだと考えた。そこで後日あらためてゴルフ場に入場許可を願い、御嶽の存在を伺った。するとはたして、私の勘はあたっていた。

午前10時頃にゴルフ場を訪れると、女性のスタッフがカートでそこへ案内をしてくれることになった。5分ほどかかったろうか、カートはコースを外れて崖の方へと入り込んでいく。位置的にはちょうど石舞台のある上の方である。時々ここに拝みに来る人を案内することもあるという彼女の後をついていくと、なんとそこには竜宮の神を祀った御嶽があった！

鬱蒼と生い茂る草木をかき分けて崖の方に進んでいくと、かなり古い石垣などがあって、遺跡の跡だったことが感じられてくる。また、そこから見える景色はこれまで見てきた各地の聖地とよく似ていて、険しそうな感じではあるが絶景なのである。

城辺町の松川寛良氏の書いた『宮古島・保良の土俗信仰』によると、東平安名崎は昔から神々が鎮座する場所と言われており、岬の付け根の崖の上には御嶽が祀られている。その岬の周辺に散在している岩々には、〝信仰岩〟として一つひとつに名前が付けられていることが書かれている。

それぞれの名前には意味があるのだろう。私が「石舞台」という名前をつけたように、実際に歩いて一つひとつの岩を観察して回れば、たしかに名前を付けたくなるような不思議な岩が多いのだ。

このような岩は東平安名崎周辺に限らず、大神島の〝鯨岩〟と呼ばれている巨大なモニュメントや狩俣の西海岸などにも見られるが、どこの岩も間近で見るとため息が漏れてしまうほどに美しい。

岩のサイズもさることながら、美的センスが感じられるというか、芸術的で創造的なのである。人間にはこれらの石組みが人工物だとは想像も及ばないだろうが、創造者(エロヒム)の科学力をもってすれば造作もないことなのであろう。

ちなみに宮古では、長く突き出た半島のような地形のところをパウ崎、またはハウ崎などと呼んでいるが、ハウもパウも、蛇が〝這う〟ことだという。だから平安名崎は、南西諸島に生息する蛇が地名の由来になっているものと思われる。これらはいずれの呼び方も蛇崎のことである、という新聞記事を読んだことがある。

後に蛇にまつわる神々のことも書くが、蛇は神の象徴であり、東平安名崎は土俗信仰の中に神々が住む地であることも前掲書では述べられており、信仰の対象となっている。まったく自然にできた場所であれば拝む必要はなかったはずである。

## 〝竜宮城〟で見つけた津波石

石垣市街地から少し山手の方に登ったところに〝竜宮城〟という鍾乳洞がある。昔からこの一帯の畑のあちこちには洞窟が確認されていたそうだが、最近になって整備され、観光客や一般の人たちにも知られるようになったのだという。

洞の入口は畑のど真ん中に小さく開いていて、なぜこんなところにと不思議に思ってしまうが、いったん中に入ると想像以上のスケールで空洞部が展開され、鍾乳石や石筍も美しくて見ごたえがある。しかも、ここの鍾乳洞はまだ未開発の枝洞（支洞）があちこちに見られ、おそらくその全体像はまだ確認されていないのだろう。

いつも小型の懐中電灯を持ち歩くようにしている私は、照明が施された観光用ルートから外れて、そういう未開の場所へも足を踏み入れてみた。すると横の広がりだけでなく、上下にもかなり複雑に入り組んだ地形になっている。

出口に近づいてきたところには「津波石」という案内板があったが、こんな地下深い洞窟の中でその看板を見ても、どんな石なのかちょっとイメージできなかった。

そこは石灰岩というより砂だけが固まった層で、その壁から忽然と丸い岩肌の石が顔を覗かせている。それが「津波石」ということだった。それを実際に目にしても、なぜそれが津波石なのか理解できなかったが、説明板の説明を読んで初めて納得した。

そこには、津波石（丸い石のこと）の含まれている層が岩化する頃、つまりまだ地上だったときに津波の影響で丸い石が運ばれてきたのであろうと書かれていたのだ。その説明は続いて、その後さらに堆積が進み、石灰岩の中に取り残されて固まり、その後長い年月をかけて、地下水による浸食で、現在のように壁から異種の石が顔を出したのではないか、と述べていた。

たしかにその鍾乳洞の背後には高い山もあって、いろんな種類の岩石が産出されており、津波でなくともドングリのように山の上からコロコロ転がってきたと考えられなくもない。しかし、このように琉球石灰岩の中に異種の石を含んでいるという現象は、山もない石灰岩だけの平坦な島などでも見られるものなのである。

## 崩れた塩稚大明神の謎

平坦な宮古島の東端に近い保良の集落の東に〝ボラガー〟という名所があり、そこに崖の中腹から地下水が湧いているところがある。

潮が引くとここのボラガービーチからリーフの上を歩けるようになる。東に向かって10分ほど歩くと、断崖絶壁の張り出した崖が続く場所に出る。その崖の中腹には「塩稚大明神」と書かれた石碑が立てられており、年に一度だったか、宮古では〝ミルクウガン〟(弥勒御願)というが、洞窟の中に祀られている弥勒菩薩を御願して回る人たちがいる。

崖の麓の小さなタイドプールから素潜りで崖に向かって入り込むと、いきなり広い空洞があり、そこにはでかいカボチャのような形をした鍾乳石が黄金色に光っている。初めて入る人はたいてい度肝を抜かれるだろう。

そこの海水は洞内から流れ込んでいる淡水が混ざり込んでいるので、サーモクライン状態(温度躍層。突然水温の変化する境目のこと)がひどく、近くにいる人でもはっきりは見えなくなる。黄金色のカボチャ鍾乳石は海中にまで没しているので上に上がるにはこのカボチャ石を登るしか方法はない。ちょっと厳しいが、上がり切ってしまえば比較的平坦な地形になり、全体的にはドーム型になっている。

崩れた石灰岩の崖から現れた異質の滑らかな石（中央）

その中央には石柱のようなものがあって、見方によっては竜が大きく口を開けている姿のようにも見える。その口からは勢いよく地下水が噴き出しているように見えるという不思議な地形である。

異種石が見られるのはこの洞窟の入口、タイドプールのすぐそばの崖だ。久しぶりにここを訪れてみると、1ヶ所だけ崖側の岩がポッカリと崩れ落ちているところがあり、その崩れた壁の中から長さ30㎝ほどの、明らかに石灰岩ではないと思える楕円形の石が顔を出していたのである（写真参照）。

話は変わるが、宮古島北部の大神島は周囲がわずか3㎞弱の小さな島であるが、聖なる島として知られている。この島の港のすぐ東側の浜には、大小様々な岩塊が散在しており、それらの岩の一面には人の頭ほどの異物（異種石）がたくさん見られる。

また大神島の裏側にも孤立した巨岩がいくつも見られるが、それらの巨岩にも異物は見られるし、リーフの岩盤から顔を出しているものもたくさんある。このような事実を石垣島の竜宮城洞窟のような津波説で説明しても、人を納得させることは難しいだろう。基本的に隆起した島と言われているのだから。

神代の島創りの神話には、イザナキとイザナミの神が沼矛の先で海面をかき混ぜて、その沼矛の先から滴り落ちた滴が固まって島になったというくだりがあるが、これはまさしくそのときの情景を分かりやすく表現したものだと私には思える。

つまり、サンゴや貝殻や石灰藻など海底で産出される生物の死骸や抜け殻といったものが混ざることで、琉球石灰岩と呼ばれているものができ、これらが岩石化したという考え方が一般的なわけだが、私は、その死骸や抜け殻を骨材としてコンクリートのようにかき混ぜられて「創った」のではないか、と思うわけである。石灰岩には固まるまでに柔らかい時期があったとしか思えない形の岩も存在するので、異種の石が石灰岩に含まれていても不自然ではなくなってくる。

ちなみに〝漆喰〟の中には藁屑や他の異物（繊維物）などが含まれている。焼き物でも強度を保つために貝殻を細かく砕いて混ぜたりすると聞いたことがあるが、例えば砂とセメントだけを混ぜたモルタルよりも、砂利を混ぜたコンクリートの方が強度的には高いということである。

そうなると、石灰岩に様々な物質が含まれているのは、漆喰やコンクリートの原理と同じだとも言えそうである。海岸線に面しているところの石灰岩は、海水の浸食にも耐えられるように陸地の石灰岩よりも強固に「創られている」はずで、実際にこの点は宮古の伊良部島の崖でも確認できる。

話がすっかり逸れてしまったが、とにかくボラガーにある「塩稚大明神」の聖地とされている場所の壁が崩れただけでなく、そこから説明もつかない石が露出するなど、時期からいってもあまりにもタイミングが良すぎる気がしてならないのだ。

## 石垣島・大浜海岸のニガイ石周辺にある「神々が創った」浜

石垣空港の東に大浜という集落がある。そこには5つほどの御嶽が軒先を連ねて建てられていて、まるで〝御嶽ストリート〟とでもいえそうである。そこから浜に降りてみると、周囲の砂浜より1mほど高く造られた長さ10mほどのコンクリートの基盤の上に、5つの丸い石が等間隔に並べて設置されており、信仰の対象となっている。

それは、大浜の5つの御嶽と関係があるのか、海の彼方から幸を招くというニガイ石と呼ばれており、豊年祭や初願いのときなどにはここから海の彼方を拝むと言われている。この背後には、それほど大きくはないが洞窟があり、上部は石灰岩で下部が泥岩と思える地層になっており、ここもまた不整合地層なのである。

そのニガイ石周辺一帯の浜は、干潮時には砂浜と同じように平坦に延びた石灰岩が剥き出しになり、遠く沖の方まで歩いていけるようになる。ところが、その5つの石が祀られている信仰の場所から南側は、地形がまったく変わってくるのである。いわゆる奇岩とでも呼べ

石垣島の大浜海岸に祀られているニガイ石

るものがおよそ100mの範囲にわたって並んでいる。

わずか100mそこそこのエリアに、あまりにも不自然で面白い形をした岩が多くあり、ここだけで36枚入りのフィルムを2本も使ってしまったほどだ。そこは石灰岩層の中や上にこれまで何度も書いてきた異種の岩が含まれていたりして、非常に不自然なのだ（口絵写真参照）。専門書ではこのような説明の付かない地層を〝不整合〟と呼んでいるようだが、銀座をつけて〝不整合銀座〟とでもした方がいいかもしれない。

この地形を見ながら、なるほど御嶽がたくさん並んでいるわけだと一人合点したものである。その奇岩は石灰岩と普通の丸い石などがごっちゃになった塊になっており、中には芸術的だと思えるほどの美しい模様を見せているものさえある。

それらはまるで「神々によって練って創られた地形であることを悟れ」と訴えているような気さえしてくる。

## 御神崎の〝プナリのツブル石〟

石垣島の西方、名蔵湾を過ぎると、灯台がそびえる西に突き出た半島があり、景勝地になっている。最近やっと道路が整備されたので訪れる人も多いと聞く。そこはユタなどが拝みに来る場所になっていて、〝御神崎《ウガンザキ》〟という「神」の字がつく地名となっている。そこへ行くとすぐに面白い形をした岩が目に飛び込んできて、その名がついているのもうなずける。

その地形の岩石はたしか凝灰岩だとどこかに書いてあったような気がする。素人が石質を当てるのは難しいが、まるで開いたコウモリ傘のように一つの大きな岩が形を整えられており、それはまさしく芸術作品という以外にない。一見すると、小さい方の岩が大きい方の岩にもたれかかっているようでもあるが、ちゃんと地面に根を持つ一枚岩からなっているのである。

大きい方の岩は、陸側に面した片面が抉り取られたような感じになっており、その内側には香炉のようなものが置かれていて祈りの跡が見られる。地名の通りに聖なる地であることが感じられた。このような地形は自然による侵食や風化では説明がつかない。小さい方の岩がもたれかかっていると表現したが、その接点は完全に離別しており、しかも接合面の角度がまったくちぐはぐなのにも頭を悩まされる。

小さい方のコウモリ傘を広げたような形の岩の下、つまり傘の柄になる部分だけが本体と一体になっていて、大きい方の岩の上には別の岩がいくつか積み重ねられている。御神崎という名前の通り、まるで何かを訴えようとしているかのような岩なのである。

また、その沖側には三角錐のような形をした高さ20mほどの岩が海底からそびえており、その頂上部に大きな岩が一個だけ乗っているという不思議な岩もある。

石垣島・御神崎のコウモリ傘のような奇岩

その岩は〝プナリのツブル石〟と呼ばれており（口絵写真参照）、その意味はその地形の通り〝離れの頭の石〟というふうに受け取れると思う。そこには昔、巨大なタコが住んでいて、沖を通る船を沈めていたが、そのタコを退治した後にはこの一帯でタコが捕れなくなったという古い伝承がある。それでイノシナの神がタコのシンボルとして三角錐の岩の上に石を乗せたところ、再びタコが捕れるようになったのだとその伝承はいう。

船を沈めるというタコの話は別として、離れの岩の上に存在する石は何者かの手によって乗せられたとしか考えられないものである。どこでもそうだが、偉大な痕跡があるとよく鬼とか天狗の爪痕などという名がつくが、ここではタコが使われたのだろう。〝タコの爪痕〟ではちょっとおかしいかもしれないが。

ちょうどここで写真を撮っていたときのこと。西の空がにわかに黒くどんよりと曇ってきて、天候が激変しそうな気配になってきた。それも冬の時期によくあるカジマイ（風向きが急激に北に変わり、激風になる）で、そうなるとほんのわずかな時間で悪天候になる。

バイクで来ていた私はカメラを片づけて一目散に逃げた。判断が一瞬でも遅れていればどしゃ降りに遭遇していたことだろう。また、この気象の急変に気づかない船が海上にいたとしたら、遭難する可能性も考えられる。それこそ「タコの仕業で沈められた」という話が作り出されたとしても不思議ではない。

## 与那国島の不思議な地形は海底だけではなく地上にも！

日本の最西端の島・与那国島で、海底に存在する不思議な地形が世界的に脚光を浴びているという話はすでに書いたが、実は不思議な地形は海底だけではなく地上にもたくさん存在する。

与那国島には天蛇鼻《ティンダバナ》という、祖納部落を見下ろすように石灰岩の台地が続いている場所があり、下から眺めても雄大である。

高地にそびえるような地形はたしかに一見隆起したようにも見えるが、安易にそのような地形を隆起だとか断層だと決めつけてしまう学者は別として、真剣に取り組む地質学者がこの地形を見れば、おそらく熱を出してしまうだろう。

遊歩道の崖の石灰岩層だけを見ても、下層の割れ目にコンクリートが流れ込んだような場所があり、中には土の壁面に沿って垂直に垂れ下がっているところまであるのだ。これは鍾乳石ではない。固まりかかったコンクリートが垂れ下がる途中で硬化したものとしか考えられないのである。

ティンダバナは〝天蛇鼻〟と書かれるように、神を表す〝蛇〟とつながるものが感じられ

与那国島・天蛇鼻の割れ目にコンクリートが流れ込んだような石灰岩層。隆起説では説明できないはずだ。

る。聖なる地と言われる所以もそのあたりにあるのではないだろうか。その崖の上までの高さは86ｍもある。その崖の一角には、身の丈8尺（2ｍ40㎝）もある「サンアイ・イソバ」と呼ばれる女傑が住んでいたとされる場所がある。

駐車場の近くから20ｍほどもある石灰岩の崖をよじ登っていくと、その崖の上端には黒石と呼ばれている砂岩系の大きな岩が何段にも重なっていたり、赤土の層があったりして、隆起説だけで説明がつけられるような地形ではない。

なぜなら、海底で堆積するはずの石灰岩層が異種の岩を持ちあげつつ岩化することなど絶対に考えられないからである。ちなみにその丸い岩の大きさは様々であるが、いずれも、どこかから運んで来られるようなサイズのものではない。

このような不整合のすべては、最初にも書いた五穀豊穣をもたらしたという神々によって運ばれたときの痕跡ではないのだろうか。何でもないようなこととして見落としがちだが、とにかく不自然なのである。

## 久部良港近くのクブラバリは海につながっている？

久部良港に近いところにある久部良割《クブラバリ》の海岸も不思議な地形である。昔、人減らしのときに妊婦をここに連れてきて、大きく口を開けたクブラバリを跳ばせたという話だが、男の私でさえも飛び越える自信はないほどの裂け目である。実際に人骨などがあったらしいが、その言い伝えは信憑性には乏しいという。

私はこれまでの調査から、その穴が海底のどこかに通じているのではないかという気がして、海岸線をくまなく見てまわった。しかし残念ながら、陸上からはそれらしきものは発見できなかった。

島で小さいながらも博物館を運営しているという、島のことに詳しい池間ナエさんにお話を伺ったところ、穴の中の白砂が増えたり減ったりしており、海につながっているはずだと教えてくれた。海岸には白砂はほとんど見当たらないことを考えると、まことに不思議な地形である。

このクブラバリ周辺の海岸地帯の岩石も不整合と言えるもので、凝灰岩のような岩に石灰岩が張り付いたような形で存在しており、あまりにも不自然すぎる。

久部良割はまた女性の性器をイメージさせるが、南の海岸には男根をイメージさせる立神岩がある。これらは、久米島の北側海岸にある女性の象徴と言われるミーフガー岩と、男性のシンボルのような形をしたガラサ山の関係にどことなく似ている気がした。そこには俗にいう〝陰と陽〟のような関係が存在するのではないだろうか。

伝承にもあるように、桃源郷であるこの島〝ハィドゥナン〟は、創造者たちによって「創造された」のであろう。この国境の島では年間を通じてまつりごとや神事が絶えることがない。〝神々の島〟と呼ばれているのも当然だとうなずける。沖縄全土に伝わる信仰に「ニライカナイ」があるが、それは「現世」と対置される「異郷」の概念であり、一般に、その楽土は海の彼方や地の底にあると信じられている。

また、クブラバリからも近い久部良岳《クブラ》や島のほぼ中央にそびえる宇部良岳《ウブラ》も、神が降臨する山という言い伝えがあるとされる。久部良岳の山頂にある「耳石」と呼ばれる巨岩の上にも登ってみたが、言葉では言い表せない何かが伝わってくるような気がしてならなかった。

## 不気味な地形が集中する伊良部島の白鳥崎

宮古・伊良部島の北端に白鳥崎《シラトリ》という地名がある。この一帯はダイビングポイントが集中しているだけあって、海底の様々に織り成す地形が面白く、不思議な地形が多い。この一帯だけでも一冊の本になるほど不思議な地形が集中しているのである。

断層のようになっている崖の終点とでもいえるところに、大物狙いの釣り場になっている小さな湾がある。その落ち込みの水深10mほどの岩盤上に、口を開けた井戸のような地形が

2ヶ所あり、ときどきだがその井戸から勢いよく水が噴き出しているのが確認できることがある。

1ヶ所の井戸にはダイバーがどうにか入れるほどの穴が垂直に開いているが、怖いもの知らずの私でも、さすがにせいぜい5m程しか入れなかった。その狭い穴の壁面には湧水の勢いでウミウチワのような種類のソフトコーラルが揺れ動いているのが見え、しかも温度差でできるサーモクラインも確認できることから、間違いなく淡水と考えられる。その穴がどこまで続いているのかは分からないが、海底から噴き出す淡水のメカニズムも不思議でならない。

その白鳥湾の奥の方には干潮でできる小さなタイドプールがあり、そこからさらに奥に向かって深い洞窟になっている。過去に何度かチャレンジして潜ってみたことがあるが、穴の奥の方には電化製品など粗大ゴミらしきものがたくさん押し込まれていて、うす気味悪いことこの上なかった。しかも暗い水面にはウミヘビがうようよいて探険気分もそがれてしまう。水深もわずか1～3mしかないが、かなり奥行きが深そうな感じがする洞窟である。

ある夏の日に船から泳いで陸に渡っていき、その湾の崖をよじのぼって陸上を調査してみたところ、洞窟の入口から30mほど進んだところに大きな穴がポッカリと口を開けていて、方角といい、洞窟につながっているような気がした。その穴はさらに奥の方に向かって延びているようだった。このような地形が仮に陸上にあったとしても、雨の侵食でできる地形とはとても考えられない。

白鳥湾だけを見ても、この他にも海底洞窟やアーチ、リーフの下に開いた洞窟、海底に散在する巨岩などと、不気味な地形が集中している。しかも波打ち際や陸上にもそのような不思議な地形が多いのだ。

白鳥湾から東に向かって続く崖のふもとにはいくつかの大きな洞窟があり、一番大きな洞窟には船ごと入っていける。その内部は天井面も高くて巨大であるが、内部の壁面は手で触れただけでもボロボロ剥がれてしまうし、土の混じった土砂が山になっていたりして、外部の硬そうな崖の壁面とはまったく異なる様相を呈していて不思議でならない。

なぜかこの近くの穴はスケールは大きいのに普通の鍾乳洞とは異なっている。それらの穴に共通するのは、まず鍾乳石の欠片も見られない点だ。そして穴の内部が単調な構造であること。さらに外部の硬い壁面に対して、内部は土混じりで雑な感じがすることなどだ。

これ以外にも小さい穴を数えるとまだまだあるが、それらのすべての穴を見て回れば、その崖が断層によってできたものなのか、それとも人工的な関与があったものか、おおよその判断はつくと思う。それほどに「創造的」な地形なのである。

## ノッチから見えてくる人類史の真相

〝ノッチ〟とは、石灰岩の海岸線に見られる侵食痕のこと。もう少し詳しく説明しよう。

琉球列島の地質の大半は琉球石灰岩からできていると言っても過言ではないだろう。当然ながら、ノッチは島々の海岸線にはとくに多く分布している。その海岸線には大きく分けて2種類の地形があり、それは美しく白い砂浜と岩肌が露出する磯である。分かりやすく言えば砂場と岩場である。

その岩肌の海水面レベルに海水の影響で侵食を受けたとされる、形のくびれた岩が見られる。これがノッチである。硬い石灰岩がこのように侵食を受ける原因としては、いくつか考えられているようだ。実際に例を挙げてみよう。

以下は、地質に関する専門書から抜粋・要約させていただいたものである。

1　直接的な波の作用による侵食。波の強いところではノッチの規模が大きくなる。

2　海水に接する石灰岩の表面が、潮位の変動（上下運動）に伴って乾燥や湿潤を交互に受け、機械的に風化される。

海面レベルに侵食を受けた岩。これを「ノッチ」という。

3　石灰岩に付着する生物の呼吸作用により、とくに夜間になって石灰岩に接する海水中の炭酸ガスの量が増加し、海水に接している石灰岩を溶かす。
4　貝などが石灰岩の表面に付着した藻類を剥ぎ取るようにして食べ、そのとき同時に石灰岩も剥ぎ取られる。
5　藻類、海綿、貝などが直接、石灰岩の中に入り込んで侵食する。

このように、はっきりとした原因は未だに解明されていないようであるが、海水や海水中に溶け込んでいる炭酸ガスなどが影響を与えていることは間違いないのであろう。

原因としてはいろいろ考えられるが、侵食を受けるメカニズムの解明は専門家に任せておくとして、このようにして、海水面に接する石灰岩が次第に浸食されていってノッチが形成されるわけである。もし、このノッチの古さを逆算することができれば、侵食を受け始めた年代が分かるはずで、単純に後退点（ノッチには高さと深さがあるが、最もくびれた点を「後退点」という）までの長さを測って年間に削られていく速度で割っても、おおよその年代は予測できると思うのだ。

学術書から得た資料によると、波の静かな海岸ではノッチの後退点高度はほぼ平均海面に一致し、後退していく速度は年間最大1～1・25ミリ程度と考えられているから、例えば3

mの後退点をもつノッチがあったとすると、侵食を受けた年代はおよそ2400年から3000年ということになる。

しかし、ここでは細かい数字はあまり気にしないで簡単に考えていきたい。すなわち、現在見られるノッチが3m以上でも、またそれ以下でも、あくまでも平均値ということでとらえた場合、侵食を受け始めた年代が出てくることになるが、この例でいうと古くてもたった3000年という比較的新しい解答しか出てこないことに注目したいのだ。

実際にはもっと深いノッチも確認されているが、この計算方法だと仮に10mのノッチがあったとしても、たかだか1万年程度しかたっていないことになる。

従ってノッチから、現在の琉球列島の島々が侵食を受け始めた時期を導き出すと、どんなに多く見積もってもたかだか数万年しかたっていないことになるのだ。そこから、侵食を受け始めた時期にはすでに現在見られる島々と同じ姿の島々が存在していたことも、ノッチの存在によって証明されるわけである。

皆さんの中には、隆起と沈降を何度も繰り返した末に1万年ほど前にノッチが跡形もなく消えてしまったのではないかと思う人もいるかもしれない。しかし太平洋に広く分布するミクロネシア、メラネシア、ポリネシアなどの石灰岩でできている島々にも、琉球列島の島々とほぼ同じ程度の侵食痕を現在の海水面レベルに見ることができることから、少なくとも太平洋の島々には浮沈がなかったことが理解できるはずである。

このように考えれば、仮に世界的に知られているような大異変が今からおよそ１２０００年前に起こったとして、そこから侵食が始まったとしても、それ以後には海水面と島々の変動はほとんど起こっていないことが現在のノッチによって明らかになってくるわけである。これこそは隠すことも動かすこともできない生きた証拠といえよう。

では、１２０００年前に起こったとされる大異変を境にして、それ以前の琉球列島はどうだったのか。動かすことのできないこのノッチから、なにか参考になるヒントのようなものは浮かんではこないだろうか。

たかだか1万年ほどの期間に数ｍもの侵食痕ができるのであれば、遠い過去からこれまで何回も沈降と浮上を繰り返してきたはずの列島の歴史を示す生きた証拠が、どこかに残されているはずである。

残念ながらこの数年間、そのことに気をつけて観察を続けてきたが、浮沈の証拠となるような痕跡は現在までただの1ヶ所も確認できないのである。

話は飛躍するが、地球のプレートに乗って大陸が少しずつ移動を続けていることは、現在ではほとんどの学者が認めているところである。これについてはおそらく間違いないのだろうと素人の私でも信じることはできる。しかし、そのようなエネルギーとは直接関係のない、とても小さな島々が、まるでモグラ叩きのモグラの頭のように浮いたり沈んだりを自発的に繰り返すことなどはたしてありうるのだろうか。

それに、これまでの説ではなぜ大陸と琉球列島は必ず陸続きだったとしなければならないのか。その根拠としては、まず琉球の島々には存在しなかった、つまり大陸にしか存在しなかったはずの生物化石が島々で発見されたことがあげられるだろう。そしてそれらの生物化石から得られる、想像を絶するほどの古い年代測定結果も、その要因になっているのだろう。このような化石の発見がなければ、琉球列島の浮沈を訴える学者はいなかったはずだと考えられる。

逆にこれらの事実を本書で唱える「創造」説に当てはめてみると、「島々の創造」が完成したときから海岸の侵食が始まったと考えられるので、地上にも深海にもノッチ痕がないのが当然のこととなる。その島で様々な生物も「創造された」と考えれば、その島にしか適応できない固有種の生物がいたとしても、また、大陸にしかいないはずの生物がいたとしても、島と大陸を結び付ける必要もなくなり、従って琉球列島の浮沈も無用なこととなってくる。

そうやって考えていくと、私は琉球列島の浮沈がなかったという考えに行き着いてしまうのだ。大陸にしかいなかったはずの動物の化石にしても、聖書の創世記にもあるように、「創造された」とすると、当時は琉球列島にもいたのだが、他の生物との生態系がうまくいかずに、その後死に絶えてしまったと考えることもできる。

余談であるが、過去に何度も起こったはずの長期にわたる氷河期は、人陸を「創りあげる」ときに火山の噴煙などが地球をすっぽり包み込んでしまったために太陽光線が地表に届かなくなったために起こったと考えられる。また、ノアの時代にも大陸が移動するほどの衝撃を受けたが、このときも地球が噴煙などで包まれたと考えられ、太陽光線が遮られてしまったために気温が下がって氷河時代を迎えたと思われる。しかしそれでも、海岸の石灰岩が侵食を受けるほどには長期的なものではなかったはずだ。

この「ノッチ」については別の角度でとらえて後述もするが、とにかく過去の歴史を探ることのできる貴重な資料であることは間違いない。

## 御嶽の不思議な石を外したとたん、管制塔でトラブルが…

平成11年11月2日に辺戸の黄金山・御嶽を調査したことは第1章にも書いたが、夕方には読谷村の〝残波岬〟を訪れ、灯台周辺の地形を調査していた。そもそもここの海底に潜ったときから、海底の地形は「創造された」ものではないかと考え始めていたので、陸上にも何か新しい発見があるのではないかと思って、この地を訪れたのだ。

このことは書こうかどうしようかと迷ったのだが、あえて書くことにする。

ちょうど夕陽が沈んだ頃から、2機の飛行機がかなりの低空飛行で残波岬の上空を旋回しているのに気がついていた。宮古では下地島にパイロットの訓練飛行場があるからそのような光景は珍しくなかったが、その飛行機は名護湾上空を中心に何度も何度も旋回しながら低空飛行で残波岬の上を巡回するのである。

それが時間とともに1機増え、また1機増えして、空が暗くなった頃には合計8機の飛行機が旋回を続けていたのである。これはきっと那覇空港で大変な事故かトラブルが起こったのにちがいないと心配になり、車に戻ってカーラジオをつけていたら、嘉手納の米軍基地の管制塔にトラブルが発生したために、上空で管制塔から着陸の司令を待っていた飛行機であることが分かった。

旋回する飛行機の数が増えていき、客室の窓明かりもはっきり見えるほどの距離で巨大な物体に上空を旋回されると、私にはそれが飛行機だと分かっていても異様な感じを受け、異星人の乗り物である巨大宇宙船が旋回しているようにも感じられた。

後でその管制塔がトラブルを起こした時間が午後の2時半だったと知り、一瞬後ろめたい気持ちにおそわれた。私が辺戸の御嶽で不思議な石灰岩を外した時間とピッタリ一致したからである。いくらなんでも関係あるはずがないとは思ったが、石には特殊なエネルギーがあ

ると も聞かされていたし、あまりにも偶然の出来事が重なったために一抹の心配はあった。

後日、この話を霊媒者の比嘉芳子さんにすると、たった一言「上（天）から、あなたに合図を送るために管制塔の機能がマヒするように操作したのかもしれない…」ということだった。

辺戸の御嶽から外してきた石は、自分でも「創造」の痕跡が残された大切な石だと思っていたので、その石を外したときと同じ時間から管制塔の調子が狂ったなんて、どう考えても目に見えない何かが働いている気がした。当日の宿も予約せずに思いついたように訪れた残波岬で飛行機が旋回する事件に遭遇するなんて、あまりにも不思議な出来事が多すぎた気がする一日だった。

しかし別の意味で考えれば私の推理したとおり、辺戸の御嶽の洞窟と真名真の海底鍾乳洞が、本当につながっているのかもしれないと感じもした。

# 第三章

## 沖縄の民話・神話にもあった「創造」説を裏付ける話

## 「宮古の乳房山《オッパイ》」

この章では沖縄の民話や神話などの中から「創造」説と関係がありそうな話をいくつか拾い集めてみた。そこには神々の代わりに鬼や蛇や竜、または大男や天狗などという抽象的な生き物が出てくる場合が多いが、それらはおそらく「創造」に関係した神々の代名詞なのであろう。神話や伝説などにはその核心部分に歴史的事実が隠されているようにも思うのだ。

宮古島の城辺町にお椀を伏せたような、同じ形をした山(丘)が2つ盛り上がっており、その形が女性の乳房に似ているところから、その山の名前を乳房山《オッパイ》という。その山の周辺は平坦な農耕地になっているが、昔は水田があったというから驚きである。城辺町にはその山にまつわる次のような昔話がある——。

昔、新城《アラグスク》村に怪力の大男が住んでいた。ある日、大男は土手を作るために「モッコ」(天びん棒の先にぶらさげて運ぶ道具)で土を運んでいた。そのモッコは人家5・6軒はすっぽり入るほどに超大型であった。それほどの大きさのモッコに土を入れて運ぶのだから大変なものである。この大男が歩くと、大地震のように、はるか遠くまで地響きが

宮古島のオッパイ山

したという。

大男は何度目かの土を運ぶ途中、石ころにつまづいて転んでしまい、2つのモッコは投げ出され、土がこぼれてしまった。これが現在呼ばれている乳房山であるという。

両方の丘は東西に位置し、両丘の間隔が約400m、周囲が約500m、高さが約25mで、ほぼ同じ形、同じ大きさである（宮古島の土俗信仰より）。


神話や伝説に比喩が多いことは皆さんもよくご存じだと思うが、日本の各地に伝わる神話・伝説には、たった一夜で何かが完成したという話が多い。上記の話でも、モッコの土がこぼれて2つの山ができたとされている。

この山の周辺も石灰岩地帯であるが、不思議なことにこの2つの山だけが、周辺の石灰岩とは地質的に異なることが知られている。

初めに「男は土手を作るためにモッコで土を運んでいた…」とあるが、城辺町の北部海岸線の石灰岩は、この山の琉球石灰岩と同質のものであることが知られていることを考えると、「土手を作る」とは、おそらく新城や吉野海岸の崖と海岸線の護岸のことを指しているのではないかと思われる。

転んで土がこぼれたというが、大男にとっては一回で運搬できる土量がこの山に匹敵するということではないだろうか。この「大男」とは、人間には理解できないほどに科学を進歩させた者、つまり全能の神々のことを指しているような気がしてならない。

ここでは「土」を運んでいたとあるが、この山を構成しているのは石灰岩の塊である。〝土〟と表現しているのは自在に形を変えることのできる状態、つまり、まだ岩塊になる前の状態を土のようなものと表現したのではないだろうか。

「土手」というのは、この近くの海岸線のほとんどが分厚い〝クチャ〟の層からなるので、そのクチャが海水によって浸食されることを防ぐための「護岸」のことではないだろうか。この山の岩塊だけが周辺の石灰岩とは異なるのはまったくもって不自然である。それはおそらく、新城や吉野の海岸線に点在している岩塊と同質の琉球石灰岩だと思うのである。

## 〝土〟をめぐる謎を解いた神話「天神降下始祖」

平成11年11月3日、残波岬で飛行機の旋回を見た翌日のこと。偶然とはつくづく恐ろしいものだと実感させられる経験をした。宮古島の人たちによるサークルだったか、宮古の自然を考えるというシンポジウムが那覇のある場所であって、知人から誘いを受けて参加した。

そのときの二人目の講演者である沖縄国際大学・遠藤庄治先生は「天神降下始祖」と題する、神々によって創られたばかりの、まだ岩だけの宮古島の上に土が巻き落とされる神話の話をされた。

当日の夕方の飛行機で帰ることになっていた私は、最後までお話を伺うことができなくて残念だったが、コピーされた資料を頂くことができた。ところがそれを拝見した私は、まったく予測もしていなかった展開にすっかり驚いてしまった。以下、その神話を紹介しよう。


（以下、遠藤先生のコピーより）

昔、宮古島はゴツゴツした岩だらけの島だったそうです。そこで、天の神様は自分の娘を呼んで、「下界に降りて島創りをしなさい」と言って娘を降ろしました。

自分の父親の命令なので、娘は仕方なく宮古島に紐をスルスルと降ろすと、それを伝わって降りてゆきました。しかし島に降り立ってみると、固い岩だらけで何もない島でありました。

娘は天に昇ると「あんな岩だらけの島にどうやって島創りができますか。土など少しもありません。どうしますか」と言いました。

「そんなら、私が土を降ろしてあげましょう」と天の神（父）が言うので、再び命令どおり降りてきました。降りると、その夜から朝にかけて、想像もつかないような稲光と雷が激しく続き、大雨も止むことなく降り続きました。

雷はバラバラバラと唸りをあげ、稲光はマンマンと照りつけ、夜通し途絶えることがありませんでした。

翌日、朝早く起きだして見てみると、夕べの出来事は嘘だったかのようにあたりは静まりかえり、朝日が柔らかく降り注いでいました。島の一面には、神様と約束したとおり、赤土が覆っておりました。

そこでまた娘は天に昇ると、

「あんな赤土だらけの島に何が作れましょう。これでは島建てはできません」

と、きっぱり父に言いました。

「ああ、そうか、分かった分かった。島に降りていなさい。今度は黒土を降ろしてやろう」と言うので、また仕方なく降りていきました。

その夜もまた、赤土を降ろした夜のように、稲光はマンマンと、雷はバラバラバラと夜通し激しく続きました。

翌日、朝早く起きだして見てみると、あたりは静まりかえり、朝日は柔らかく降り注いでいました。島の一面には、神様との約束の通り、赤土の上に黒土が降ろされていました。

「これなら大丈夫だろう。何でも作れそうだ」と言って、娘はまた天に昇っていきました。

娘は天の神の父に、

「穀物の種が何もありません。何を作って食べたらいいか、穀物の種を私にも分けてください」と言いました。

父は色々な穀物の種を分けてくれました。でも、一つだけくれない種がありました。それはキィン（きび・昔は主食にしていた稲科の一年草）の種でした。娘はその種がとても欲しくて、父にくれるように言いました。

ところが父は「これだけは、いくら娘のお前でもあげるわけにはいかん」と言って、種をくれませんでした。

そこで娘は、庭先に干してある種に目をつけ、これをこっそり盗んでイタン（フンドシ）の中に隠して持ってきました。ところが盗んで持ってきたものだから、月の照る日に植えると、なかなか育たず、月夜でない日に植えるとよく育つのだそうです。

こうして娘はいろいろな穀物の種を天から持ち帰ると種をまき、作物を実らせ、島創りをしていきました。娘にとってもう島創りは難しいことではありませんでした。

娘は年頃になると、天の神のもとに呼ばれました。

「お前も年頃になった。こんど島に降りたときに、初めて出会うものを夫にしなさい。たとえ犬であろうが、とにかく何物であろうと、初めて出会うものを夫にしなさい」と命令しました。娘は、「さあ大変なことになった。どんなものが見えるのだろうか」と言って、島に降りていきました。すると初めて出会ったのは、なんとこれまで見たこともない、とても小さな人間でした。それも神様でありました。

　何とも言いようのない、ただ地面にようやくくっついているような小人でありました。娘は神様の命令どおり、この小人を夫にして宮古の島創りをしていったという話です――。

（ここまで）


　この「天神降下始祖」という神話にはなんと、神々によって岩盤状態の島の上に赤い土と黒い土が巻き落とされるという、私が一番悩んでいた〝土〟の謎を解くカギが隠されていたのである！

　これまで多くの学者が唱えている、石灰岩が風化して赤土に変化したのだとする「風化説」が正しいのか、それともちょっと信じがたいけれども、この神話の中に出てくるように未知なる力（科学力）でもって運ばれてきたものなのか、感じてみていただきたい。

　もし学者が言うように、赤土に対する「風化説」が正しいのであれば、同じように石灰岩の上や下に存在するクチャ（島尻層群の総称）や粘土の存在については、どのように説明するのだろうか。

## 神話に登場する「小人」はエロヒムのこと?

話はまったく変わるが、これまでの調査の中で気づいたことがある。浦添城址の頂上の奥の方と手前の方の2ヶ所から、石畳道らしき跡や石垣が発掘されており、わずか50㎝ほどしか掘り下げていないのに、過去の痕跡が隠されているのである。また、南部で有名な斎場御嶽の駐車場の近くでも、1mほど掘り下げられたところから元々あったらしい石垣の一角が発掘されている。

いかにその時代に滅亡や衰退が訪れたとしても、位置的に高台にある表面をわずか1mの土で覆うだけでも大掛かりな工事になるはずで、わざわざそこまでして過去の痕跡(事実)を埋めて隠さなければならない理由は何もないはずなのに、土の下にうずもれているのはなぜだろうか。

他にも奈良県などは、各所に遺跡が埋もれているというし、飛鳥で有名な〝石舞台〟にしても、昔は土で覆われた山であったと言われている。

そう考えると、グローバルな視野でとらえたら、何者かの手によってかなり広大なエリアにわたって土が巻き落とされたとしか考えられないのである。この神話にあるように、赤土、黒土が神々によって巻き落とされたと考える方がより現実的である気がしてしまうのだ。

斎場御嶽の駐車場近くで発掘された石垣

この神話の中には、もう一つ重要な部分がある。のちに娘が夫にすることになる最初に出会った小人のことである。『真実を告げる書』には、創造者たちエロヒムは背丈が120cmほどだとある。つまり、小人とはエロヒムのことだと考えられるのだ。神を父と呼んでいた娘は、アダムやイブのように創造された最初の人間の一人ではなかったのだろうか…。

聖書の第6章4には「…神々は娘たちのところで戯れはじめた…」というくだりもある。沖縄には洞窟に住んでいた蛇(神)の子供を産むことになる娘の話も数多く伝えられている。そう考えると、上記の神話「天神降下始祖」は俄然、真実味を帯びてくるわけである。

## 驚くべき張水神社の由来説話

昔、天地がまだ定まらず、大海原の波はゆらぎ、宮古島がまだできていないとき、天帝《アメノテダ》が天の岩柱の端を折って、これを弥久美神《ヤグミノカミ》に授け、「汝、下界の風水のいいところに島を造りなさい」と命令をした。

そこで命を受けた弥久美神が天の夜虹橋《ユノズノバス》から天の岩柱のカケラを大海原に投げ入れると、たちまちそれが固まって島となった。その島が宮古《ミャーク》である。

天帝はさらにコイツヌという男神に「かの島に、うまし人の世を造り、その守護神となりなさい」と言いつけた。コイツヌは喜び勇んだが、天帝に一つのお願いをした。

「われに連れ添うもの給わりたい。すべて陽があれば陰があり、陰があれば陽があり」と。天帝もなるほどと思い、美神クイタマを連れ添わすことにした。

さて、コイツヌ、クイタマ夫婦の天下りには盛加神《モリカノカミ》という豪力の神をはじめ、多くの神が供についた。

張水天久崎《ピャルミズアメクザキ》に天下りしたコイツヌ、クイタマ夫婦は供の神々に島の行政を行わせ、神の心を反映した楽しい社会を造り出した。ところが島は赤土ばかりで穀物のできが悪く、しばしば飢饉に見舞われた。

これを心配した天帝は黒土をよこし、それ以来五穀が豊かに実るようになったという。張水に落ち着いたコイツヌ、クイタマの夫婦はムニダルノカミとカダマノカミを生んだ。

この二神が10歳になった頃、どこから来たか分からない美男美女が現れた。コイツヌ、クイタマが「どこの国から来たのか！」とたずねると、その男女は「土の中から生まれてきたために父母はなく、そのために遊楽神となってしまった。男は紅葉を身にまとっているので木装神、女は青草をつけているので草装神である」

コイツヌ、クイタマはこの男女神の出現を喜び、草装神をムニダルノカミにめとらせ、木装神をコイタマと結ばさせた。そしてムニダルノカミ夫婦に東方の土地を与え、コイタマ夫婦には西方の土地を与えた。これが宮古島の人間社会の始まりだと言われている。

宮古の創生神を祀るこの張水神社は、島人の信仰の場となっている。
※木装神と結ばされたのは〝コイタマ〟とあり、カダマノカミの間違いではないかと思うが、ここでは原文のまま使用させていただいた（『琉球の昔物語』より）。

それにしても驚くような伝説が残されていたものである。

まず最初に、宮古島がまだ存在しないときから話は始まっている。そして天帝から命を受けた弥久美神によって島が「創られる」わけだが、〝天の夜虹橋《ユノズノバス》〟という名前は古事記にある〝天の浮橋〟によく似ている。それに「天の岩柱のカケラを大海原に投げ入れると、たちまちそれが固まって島となった」というくだりは、沼矛の先から滴り落ちた滴が固まって島となった、という古事記の表現にびっくりするほどよく似ている。

それに、先の「赤土・黒土おろし」の中にもあったように、初めの頃は赤土だけでは作物は実らず、天帝（父）によって黒土を授かっているという展開も驚きだ。

さらに途中から現れた、どこから来たか分からない美男美女たちは「土の中から生まれてきたために父母はなく…」とある。

これは土の中の成分から設計図であるＤＮＡを合成し、科学的な「創造」によって誕生したことをほのめかしているのではないだろうか。二人は忽然と現れているわけだから、おそらくどこかの実験室で「創造されて」宮古島に降ろされたものと考えられる。

その二人も木装神と草装神という神の名を授かっているが、「最初に創られた人間たちは天人《アマンチュ》と同じような科学技術をもっていた」と比嘉芳子さんが言うように、各地に存在する不思議な地形の数々は、この頃に「創造された人間」と創造者たらとの共同で「創られた」ものなのだろうか。

聖書の中のアダムやイブが９００歳以上も生きたのであれば、当時、日本で創造された人たちも長生きしたはずである。土の中から誕生したという木装神や草装神などは、おそらく仙人のように慕われつつ、長生きしたことだろう。

弥久美神《ヤグミノカミ》とともに盛加神など多くの神々が降臨しているが、島々の各地に村を建てながら行政を行ったのだろう。その海底や海岸洞窟を隠れ家として時々人の世に現れては、生活の知恵や五穀の作り方や文化を教えていたのではないだろうか。

そして「島が創られた」という伝説は、海底遺跡で騒がれている与那国島にも残されていた。

## 「与那国島のティダンドゥグル」（沖縄の昔話）

昔々、ずっと南の島から陸地を求めて北へと船を漕いでいた男がいた。

明けても暮れても島影一つ見えない大海原の真っ只中に、ポツンと盛り上がった洲（ドウニ）を見つけた。男は島ではないかと思ってドウニに近づいていったが、そこは草も木も生えてないただの洲《ドウニ》だった。

こんなところに人間が住めるとは思えず、しばらく考えて、アマンブ（ヤドカリ）が育つかどうか調べるために放すと、男は南の島に帰っていった。

男は何年かたって再びドウニにやってきた。

その洲にはアマンブが這い回っていた。

喜んだ男はこのドウニに住むことに決めて家族を連れにいった。

いつしかドウニも子供たちが増えて狭くなってきた。

そして人々は神様に祈った。「神様、人間が増えてこのドウニも狭くなってきました。どうか、このドウニを大きな島にしてください」

その願いは聞き入れられ、小さなドウニは大きな島に変わっていった。喜んだ人々は「神様、今度は島に緑を恵んでください」と頼んだ。

神様は人間の望みどおり、年中枯れることのないガジュマルの木をはじめ、竹、クバなどの草木を授けてくださった。すると島は年中豊かな緑に覆われた、住みやすい島になったという話。これが今の与那国島ということです。

その後、何ヶ月も続く長雨のせいで、島には谷や川ができ、本当に住みよい美しい島になり、人々の暮らしも前より豊かになった。

この恐ろしいほど続いた長雨の後に最初に光がさしたところが、ティダンドゥグルと名付けられると、人々は神様のいるところとして清め、拝所を建てて拝むようになった……。


ここではヤドカリを持ち出しているが、人間が住めるような状態になっているかどうかを確認しに来て、その島の生態系が整い、自然ができあがってから人間がこの小さな島に移り住んできたという経緯がこの話からは伺える。小さな洲だったのが、神によって大きな島となったという展開も見逃せない。

世界各地に残されている「洪水（長雨）伝説」がこの与那国にも存在することも驚きだが、たしかに与那国には島の中心部の祖納村落に「ティダン・ドゥグル」という拝所が今も残されている。「ティダン」は太陽、「ドゥグル」は場所を表し、〝陽のあたる場所〟という意味になるという。

# 第四章

# 沖縄七宮その他で「創造」の痕跡を探す

## 沖縄七宮をすべて回ってみた

今から20年以上も昔のことになるが、那覇市と隣り合わせの浦添市に7年間住んでいたことがある。那覇市の若狭海岸には〝波の上宮〟があるが、青い海と白い砂浜のイメージが強い沖縄には神社の存在が不釣り合いな気がしていた。それでも元旦の初詣には波の上宮に足を運んでいた。したがって沖縄に存在する神社といえば、ここしか知らなかった。

沖縄で正式に〝神社〟という名がつくところは、護国神社と世持神社の2つしかないと言われており、いずれも那覇市の奥武山公園の敷地内にある。そこの宮司さんに、呼び方によって特別な違いはないと教えられているので、私は宮も神社も同じ感覚でとらえている。

沖縄本島を離れて20年、宮古島に来てから20年も経った今になって、沖縄本島には7つの神社があることを知ることになろうとは、何か因縁めいたものがありそうな気がしてならない。

ある人は8社あるとも言うし、神社と宮は格式というか位のようなものがあって正式には異なるものだと教えてくれた人もいたが、それはともかく、古い歴史や伝説、文化などとともに存在する重要な〝宮〟が8ヶ所もあることを知ったわけである。

興味を覚えた私は、それらの宮をすべて回ってみた。驚くことに、その周辺敷地には石灰岩による複雑な地形が構成されていて、神殿の背後には洞窟《ガマ》や井《カー》などがあった。ガマ（アブ）と宮が組み合わされたところこそは、私が追究している、地形が創造者たちによって「創造された」ことが伺い知れる重要な場所であると感じたのである。

短い日程ではあったが、一応すべてのお宮を回った。この章では、中でもとくに大胆な地形、または不自然と思える地形を有している宮をいくつか選んで紹介してみたい。

沖縄七宮とは、波上宮・沖宮・末吉宮・天久宮・普天間宮・金武宮・安里八幡宮・識名宮のことを指し、波上宮は筆頭に位置しているようだ。最後の識名宮を入れると八宮になるので沖縄八宮という人もいる。また、安里八幡宮以外の七宮すべてが、熊野系の神になっているようだ。

## 沖宮（オキノグウ）

沖宮は那覇市の奥武山《オウノヤマ》公園の敷地内にあり、護国神社のすぐ近くにある。国道58号線を空港方面から市街地に向かうと、明治橋手前のすぐ右側に大きな鳥居が見えるが、これが護国神社の鳥居である。敷地が広いのでなかなか探しにくいが、護国神社とは一つの山を挟んで裏表の位置関係になり、プールと隣り合わせになっている。

私がここを訪ねていったときにはちょうど女性の宮司さんがいて、いろいろな話が聞けた。

護国神社とは山を一つ挟んだ位置関係になると前述したが、正確には小山が二つあり、その窪んだところがプールになっているのである。したがって小山の一つが沖宮の境内という感じなのである。

私が最初に尋ねたのは、この山に洞窟が存在するかどうかということだった。すると宮司さんは、昔はあったが、今は穴の入口が崩れたためにネットを張って入れないようにしていると説明してくれた。考えていたとおり、ここにもやはり洞穴が存在したのである。神主さんはしおり（パンフ）をくれて、沖縄七宮の一つである〝沖宮〟は、神社の創始は不祥であることや、御由緒や沿革のことを教えてくれた。

沖宮には御祭神として、初めは御霊木が祀られていたが、その根源は奥武山天燈山である。そこに鎮座する神様が神道では天照大御神、沖縄語では〝天受久女龍宮王〟として称えられているという。

つまり沖宮の御祭神は天受久女龍宮王御神《テンジュクメリユウグウオウオンカミ》、つまり、天照大御神ということになる。

その次に、他の神、イザナミノミコト、ハヤタマヲノミコト、コトサカヲノミコトらの名前が掲げられている。

沖縄七宮の一つである沖宮は、沖縄八景の名勝・奥武山漫湖を眼下におさめ、南国特有の海の色、入江の美しい海岸を背にし、古い歴史と尊い信仰を伝えている、緑と神威に包まれたお山であったらしい。現在のような車社会になる前のことをイメージしてみると、風光明媚な入江であったことが伺えてくる。

## 金《キン》武宮・金武観音堂

沖縄本島の恩納村はよく知られているが、金武宮・金武観音堂は位置的にはその東側にあたる。国道329号線を走っていると「金武観音寺」の案内板が見えてくる。その案内板に従っていくと寺の建物が目に入る。

観音寺の門を入っていくと最初に大きな建物、観音堂が目につく。その右手には洞窟の入口が見える。その次に目についたのがその入口に書かれた一人400円という看板だった。洞窟を上から覗き込むと、入口から少し降りたところでユタらしき人たちが何人か拝みをやっていた。そのそばにある説明板を読んでいると、そのうちの一人のおばさんが手招きして私を呼んでいる。

階段を10段ほど降りていくと、そのおばさんは「こんな所にお金を払うことはないから、そのまま入っていきなさい」と言って、私をただでその洞窟に入れてくれた。拝みにやってくる人たちはみんなただで入れるということを後で知ったが、そのおばさんは、神様の場所を勝手に金もうけに利用していることを怒っているようだった。

広い境内の一角にある洞窟の入口はけっこう急斜面で、15mほどの階段を降りていくと平坦になって奥の方へと続いている。こんなところを訪れる人は少ないはずなのに、ライトアップがちゃんと施されているのは不思議な感じがしたが、そのあたりからやけに鼻についてくる臭いがあった。

大きな鍾乳洞ではよくやっていることだが、年中温度と湿度が一定に保たれている環境を利用して、泡盛をまろやかにするために寝かせて貯蔵しているのである。このような、夏は涼しく冬は暖かい環境は、人が住むのにもぴったりである。

たったの400円も払わなかったという後ろめたさのようなものを感じたのか、じっくり時間をかけて見るゆとりもなく、洞内の大半が酒蔵の状態になっていたこともあって、早々に引き上げることにした。

従って酒蔵になっている奥の方の地形はよく見られなかったが、この洞窟の見所は、ユタたちが拝みをしていた入口近くの大きな鍾乳石と石筍と石柱だ。人の手垢でそうなったのか、鍾乳石の表面がテカテカに輝いているものさえあり、太い石柱も見ごたえがあった。そして一番気になっていた空洞音は、ここの鍾乳石でも確認できた。

## 識名宮《シキナ》

那覇市の識名霊園に登る手前の道路端に大きな鳥居が立っている。鳥居をくぐったところに社務所があるが、そこには人影はなかった。

二つ目の鳥居をくぐったところに拝殿があり、ここでお賽銭を投げて、お祈りをして帰るのが普通のパターンである。拝殿の裏には神殿があるのが常識で、その神殿の裏側に私の求めるものがあるはずなのだ。

考えていた通り、その神殿のすぐ背後には穴が口を開けていた。これだけ予想(予感といってもいいかもしれない)していたことが当たると、お宮参りも楽しくなってくる。神殿＝神の家＝ガマなのだ。ここは市街地の真ん中にあるにもかかわらず、境内には人影もない。ちょっと失敬してその穴をのぞかせてもらうことにした。中はそれほど広くなく、かがまなくても歩けるところもあるが、全体的には天井面は低く、鍾乳石や石柱などもあることはあるが、小さいものがほんの数本だけだった。

調査をするというよりも神殿とガマの関係がだんだん分かってきただけでも大収穫だったので、ものすごく満足な気分になっていた。

光が差し込んでいた裏側から出てみると、さらに別の洞窟が口を開けて待っていた。こうなるともう、地形や地質がどうのこうのより、ガマの存在だけで充分満足なのだ。これこそが本当の神殿であり、神の家なのだから。

ちょっと覗いてみただけだったが、こちらの穴の方が奥深く続いていそうな気がしたが、入っていく気持ちはまったく起こらなかった。普段は手を合わせて拝むことはめったにしないが、嬉しさのあまりつい手を合わせて識名宮をあとにした。

## 天久宮《アメク》

沖縄の人で那覇市泊の外人墓地を知らない人は少ないだろう。その背後に高台が続いているが、墓地から少し登ると天久宮の大きな鳥居が目に飛び込んでくる。その鳥居のそばには、天久野の崖の麓の洞窟に女性の神が住んでいたという、この宮の由緒が書かれている。

この洞窟は山の斜面上の墓地が密集する一角にあり、その場所を教えてもらっていたとしても、なかなか一度で辿り着くことは難しい。それほど大きな洞窟ではないが、中に入れば神々しさが感じられる不思議な地形である。

なお、天久の崖の麓には神々を祀った場所がたくさん存在している。

## 普天間宮

国道58号線を北部に向かって車を走らせ、伊佐の交差点を右折して沖縄市の方へ２㎞ほど行ったところに普天間の交差点がある。この普天間交差点のすぐ近くに大きな鳥居が建てられているので、場所はすぐに確認できるだろう。

ここは大きな鍾乳洞があるというので2年ほど前に一度見学したことがあるが、鍾乳石の音響調査もしてみたくて再度訪れてみた。するとここでもやはり拝殿の裏に神殿があり、神殿のすぐ裏側に洞窟があるという、先述した識名宮とまったく同じパターンが見られた。

有名なだけあって全体的な建物や神殿、洞窟などの規模は識名宮とは異なっている。参拝客の数も圧倒的に多く、若い巫女さんたちもたくさんいた。その巫女さんに洞窟見学をお願いすると、洞窟の入口まで続いている拝殿の横にある出入り口まで案内してくれた。そこから先は自由に見学できるのだ。

前回も時間をかけて見学したが、今回の調査は主に鍾乳石の音響調査であり、ここの鍾乳石に関してもまた予想していたとおりの結果が得られた。かなり多くの鍾乳石から空洞音が確認できたのである。

また、今回はもし運が良ければここの宮司さんとお会いできるかもしれないという期待もあった。ここの宮司さんは、ケービング協会の会員でもあるらしく、鍾乳洞や鍾乳石などに関してかなり専門的な知識をもっているはずなので、会って話を聞きたいと思ったのである。

普天間宮の裏の洞窟にある巨大な鍾乳石と石筍

先ほどの巫女さんに面会を申し込んだが、いろいろとスケジュールに追われているらしく、忙しそうな感じだった。それでも挨拶だけはできたが、細かいことを聞けるような状態ではなさそうなので、遠慮した。

考えてみれば、勝手に訪れていきなり頼むというのも無理な話で、事前のアポを取っておくべきだったと後悔した。

ここには浦添城跡から飛んできてこの洞窟に身を隠したという天女の羽衣神話が伝わっており、自由に空を飛べる時代と高度な科学技術があったことが伺えてくる。

## 波の上宮

那覇市若狭の波の上海岸の断崖の上に、名前の通りの〝波の上宮〟が鎮座している。

その波の上宮のある若狭海岸は、昔は屋台や出店などで深夜まで賑わっていたものだが、現在はビーチも手が加えられて当時の面影はなくなっている。

波の上宮に正面から入っていくと緩やかな坂道になっているが、登り詰めた神社の裏側は断崖絶壁の地形であることはあまり知られていないのではないだろうか。多くの人は初詣に来る程度であり、地形のことにまで興味をもって登ってくる人はほとんどいないのだろう。

危険防止のためか、ここの神殿の裏には回り込めないように柵が設けられていて確かめられないので、前回訪れたときにも宮司の方に洞窟のようなものはないか尋ねてみたが、そのようなものは何もないの一点張りだった。

宮司たちは知っていて教えてくれないのか本当に知らないのか、柵の隙間から覗くと、高さ1mもない小さな鳥居が崖っぷちに見えており、彼らはおそらく毎日ここを拝んでいるはずだから、知らないはずはないのだが、その小さな鳥居の裏側がどのようになっているのか、とても気にかかっていた。

波の上宮にも洞窟のような地形があって入っていけるという話を聞いていたものだから、ビーチに下りてその崖の周囲を探してみることにした。

そのときはちょうど干潮時だったので、歩いて崖の周囲を回ることができた。崖の中腹に人間が一人入れるほどの小さな穴が開いているのを発見したが、覗いた感じでは行き止まりになっていて、また落胆した。しかしここ以外には穴は見つからない。

普通なら誰もがあきらめてしまいそうな穴であるが、再度チャレンジしてみた。すると、行き止まりに見えていたその穴の一番奥から、上に向けて登れるようになっていたのである。人一人がやっと登れる程度の小さい穴で途中までしか登れないが、中には鍾乳石が確認でき、しかも美しく澄んだ音色の空洞音まで確認できたのである！　壁面や天井面も鍾乳石で覆われていたが、さらに驚いたのは平坦な床の部分でも空洞音が確認されたことだった。

これとよく似た感じの穴は海側にも開いていた。しかしそこは崖をよじ登らなくてはならず、一人では危険すぎる気がしたので確認していないが、その場所こそ崖の上にある小さな鳥居の真下にあたるのである。鳥居のところまでつながっているのではないかと想像でき、やはりここでも、拝殿と神殿の位置関係、及び神殿の裏側の洞窟の位置関係に、神が深く関わった跡を感じてしまう。

再度崖をよじ登ろうとチャレンジしてみたが、やはり無理だった。せめて写真でも撮って帰ろうと思い、歩いていける沖の方まで出てカメラを構えたが、そのとき、崖の中腹に不思議な岩があることに気づいた。

ゴツゴツした石灰岩の岩肌の中に滑らかな表面の岩が見えているのである。さらによく見ると、数字のようなものが彫られており、おそらく釘のような金属でも簡単に傷をつけられるような柔らかい砂岩なのだろう。これまで不整合地質のことは何度も書いたが、沖縄七宮の筆頭にあたるとされる波の上宮の真の姿を覗いてしまった気がした。

「波の上宮」の〝御由緒〟にも、この石と関わりのありそうなことが書かれていた。

…ある日、一人の男が海浜で不思議な〝ものを言う石〟を得た。以後、彼はこの石に

波の上宮の崖の一部から砂岩のような柔らかい岩がのぞいている。円内に数字がきざまれているのが見えるだろうか。

祈って豊漁を得ることが出来た。この石は光を放つ霊石で、彼は大層大切にしていた…。

この〝光を放つ石〟というのはまんざら作り話でもなさそうで、夏至（夏）の頃には夕陽が波の上宮の崖を照らす。そのなめらかな岩肌が夕陽をどこかに反射することは、十分考えられることなのだ。

また、琉球王府直轄事業基地であった那覇港の出船入船は、その都度、波の上宮の鎮座する高い崖と神殿を望み、祈りを捧げたというが、崖の背後に回っていった船の船乗りが、ある条件下（太陽光線の差し込む時間など）で輝く石を見て、それが太陽光線の反射であるとも知らずに、光を放つ霊石を見たと主張したとしても不思議ではない。その岩の存在の方が不思議なのだから。

## 末吉宮

那覇市の環状2号線を首里の方に登っていくと、儀保十字路の少し手前左方に緑に包まれた広大なエリアが見えてくる。公園として整備されていて駐車場も広く、市民の憩いの場となっているようだ。

その山全体を見渡すと、頂上付近に赤瓦屋根の建物が二つ見える。その二つの建物が「末吉宮」の神殿と拝殿である。末吉宮はその小高い山の頂上付近にある。その山は深い緑に包まれているが、実のところは岩山で険阻なところである。

那覇市でもこの一帯は高台にあたり、神殿のある岩の上に立つと、那覇の町並みが眼下に見え、南には首里城が同じ高さに見える。近年に神殿、拝殿とも建て直しがされたらしいが、宮司からは、建物とその土台になっている石垣の素晴らしさについての説明しかされなかったのが少し残念だった。

歩いてみると分かるが、この森は一見緩やかな丘陵に思えるが、実は崖というよりも巨大な岩といった感じなのである。とくに神殿や拝殿が祀られている頂上付近は巨大な岩塊によって複雑な形になっており、その中でも孤立した巨岩の上に神殿が建てられている。

初めは建物の裏側に回り込むようにして、見上げるような巨岩の存在や地形の不思議さを感じていたのだが、その首をひねってしまいそうなくらい上にある岩のそのまた上に神殿が建てられていたのを見て、我ながら〝テラ〟の在り方に自信がもてた。つまり、人間が作った建物自体にはたいした意味が無いということである。

沖縄では洞と書いて〝テラ〟とも発音するらしいが、高台の東側には自然の洞穴を利用したと思われる墓が多く見られる。昔はそこを棲家としていたのだろう。湧水場の位置といい、そこは人間が生活をするために最低限必要なものは揃っている。

山頂の巨岩が織り成す、平行線を描いて大きく割れた地形はとても隆起説などで説明できるものではない。その大きな岩の麓には湧水（井戸）が確認でき、その井戸の奥や底の方は粘土質のクチャのようなのである。

最近ではこの尾根の近くまで民家が接近してきているが、この一帯は高台にあたり、こんなところに水が湧き出るというメカニズムは不思議としか言いようがない。これは後で述べるが、宮古島の地下ダムと同じような地形構造になっていると思われる。

そこには石碑が建てられており、「子の方（ニーヌファ）御水」と記されている。さらには「東方の宇天軸みるく御水につなぐ水神で　子の方軸の岩下の泉ゆえ　その名が伝う」と書かれている。

〝子の方〟には北の方角の意味もあるが、天人（創造者）たちが行動を始めたところという意味もある。それはつまり、神々によって「創造された」初めの人間たちが出現した時代、つまり〝人の世〟の時代のときから存在していたことを物語っているような気がする。

水は人間が生きていく上で絶対に欠かせない大切なものであるが、なぜこのような場所の水場に石碑が立てられているのかを考えると、水の溜まる地形構造がそこに存在していることを人間に悟らせようとしているのではないだろうか。これも、創造者ならではの仕業であろう。

また山頂付近には別の石碑もあり、

「御先七龍宮の一様」

「子の方　御先龍宮神」

と書かれている。

つまりこれらは神々が事を始めるにあたり、地形創りを施した場所であるとも考えられる。どこの聖地にも見られる現象だが、山頂付近には巨石が散在している。その巨石は低地から山頂に向かって転がってくるはずはないし、上方から転がってくるような高い山もまわりには存在しない。

さらに「御先七龍宮の一様」という表現は、このようなところが他にもあることをほのめかしているようでもある。

## 山下町洞人と護国神社の関係から見えてくるもの

〝山下町第一洞人〟といえば考古学に興味のある方ならご存じだろう。那覇空港に近い山下町の洞窟から発見された人骨の年代測定で3200０年前という結果が出ている。そこは洞窟と言われているが奥行きは４ｍ程しかなく、しかも周囲は削り取られてその一角だけが取り残されたような地形になっている。地元の人でさえその存在を知る人は少ない。

その場所は、那覇市の奥《オウ》武山公園から歩いて5分程の民家が密集している一角にある。琉球の始祖を祀っている護国神社や、先述した神々を祀っている沖宮《オキノグウ》、さらに世持神社といった、社がいくつも集中している場所から近いことに気がついたのだ。

エデンの地で神々によって「創造されて」誕生したアダムやイブたちのように、琉球ではそれが最初の頃の人間だったのではないかというイメージが浮かんだのである。そして現在では市民の運動場になっているが、周辺一帯を含めた広大なエリアが〝琉球エデンの園〟だったのではないか、とは考えられないだろうか。

沖宮の拝殿には、この地一帯の古い写真が額にはめられて飾られている。話を聞くと昔、この沖宮の周囲は海だったということで、かなり広範囲にわたって埋め立てられ地形が変わってしまっているとのことだった。また、現在では川を挟んだ反対側の陸上になるが、その写真に写っている島の形も面白い。そこにもやはり神が祀られている大きな御嶽があるということを、沖宮の宮司さんは教えてくれた。

このように奥武山周辺は、多くの名高い社や御嶽が集中している重要な場所であったことが伺えてくるのだ。したがって歩いてわずか5分の山下町第一洞人の発見されたエリアは完璧に神々の聖地とリンクしてくるわけである。

沖縄県では他の地域でも古い人骨の発見があり、本島南部の港川人や宮古のピンザアブで発見された人骨からは15000年前後という年代測定の結果が出ている。つまり、多少の年代の誤差を大目に見ると、創造者たちが「生物すべての創造」を終えた頃の年代と近くなってくるのだ。

その年代が、聖書では一番最後に創造されたとある人間の誕生した（創られた）頃とリンクしてくるのである。

聖書では創造者（エロヒム）は、今からおよそ25000年前に地球を訪れ、6日ですべての創造の技を終えられ7日目に休まれたとあるが、聖書に書かれている1日とは、天空の星座と関係し、およそ2000年であるという（『真実を告げる書』）。

そして聖書の中で6日目の一番最後というのは、創造者たちが地球に来てからおよそ12000年が過ぎた頃になり、今から逆算すれば、約13000年前ということになる。

したがって、進化論に基づいて山下町第一洞人や港川人骨などの説明をすると、どこからか渡来してきたものとして島と島とを結びつけ、さらには世界の人類の発祥の地とされてきたどこかの大陸とも結びつけなければならなくなる。しかし「創造」説であれば、その地で「創造されて」誕生した最初の頃の人間だったのではないかと考えるだけでよい。学者たちの言うホモサピエンスは、このようにして誕生したのであろう。

このように「創造」論で行けば、無理して島々をつなげる必要はまったくなくなるのである。逆に島々をつなげるのではなく、新しく「創造されて」生まれてくる種の生態系を観察するために、環境条件が少しずつ異なる小さな島々が不可欠となってくる。琉球列島の島々をよく観察すると緯度・経度が少しずつ異なり、島々の大小や高低や地質・地形などもすべて異なっていて、生態系の観察実験には最適な場所であったことが伺えてくる。

私の個人的な空想であるが、古事記に出てくる〝淤能碁呂島《オノゴロ》〟とは、このような島々のことであり、〝淤能碁呂島〟と似たような環境をもつ島々は世界の各地に存在していると考えられる。それらの島々にも古くから伝わる文化や神話が残っているが、琉球列島の島々に伝わっている神話や伝説と似ているところがあるのは、地球上の何ヶ所かで同じような「創造」の実験が行われたことを物語っているのではないか。

最初にできた大陸に降りてきた創造者たちは、いくつかのチームに分かれてその大陸の各地に散らばり、「創造」の実験を始めたと『真実を告げる書』には書かれている。それらの実験場（おそらく小さな島々）からほとんど時期を同じくして人間（ホモサピエンス）が誕生したと同書は言う。

その小さな島々の中でもとくにサントリーニ島（あるいはクレタ島）を中心に、神々の偉大なる痕跡を残している場所が地中海に多いことは皆さんの方がご存じであろう。〝山下町第一洞人〟の〝第一〟も、〝人間第一号〟の第一と考えた方が楽しくなり、そのヒトたちが奥武山という聖なる地を中心に繁栄していったと考えられる。それを明かす鍵を握るのが、琉球の始祖を祀っているという護国神社の存在だと思われる。

ちなみに、港川人が発見された沖縄本島南部の港川フィッシャーからはイノシシの骨も発見されているが、沖縄県では地質時代（18000年前）にはイノシシは存在しなかったことになっている。そこで港川人の年代測定結果が18000年前後と出た理由を、先史時代人（港川人）たちがどこからかイノシシを家畜として持ち込み、それが野性化したものだろうと説明しており、ここでも進化論で行くと、どうしても大陸とつなげなければならなくなるわけである。

## 宮古島の上野村にあるピンザアブは面白い

沖縄県では６００を越える洞窟が確認されている。そして伊江島、沖縄島、久米島、宮古島など、ほとんど県下全域の洞窟から化石人骨が出土している。年代測定の結果はさておき、かなり広範囲にわたって人間が住みついていたことは間違いないはずだ。

それらの人骨とともに動物の骨も発見されているのだが、その中でもとくに宮古島の上野村にあるピンザアブは面白い。絶滅したはずの多くの動物化石とともに人骨も出土しているのだが、何が面白いかというと、その洞窟からは爬虫類や哺乳類の骨も同時に発見されているのである。具体的にいうと象・鹿・猪・山猫・鼠・コウモリ、それに亀・蛇・蛙・トカゲなどといった両生爬虫類などが同じ穴から発見されているのである（上野村教育委員会資料）。

お互い天敵となるはずの動物たちが同じ屋根の下の洞窟から揃って出てくるということが面白いのである。いかに原始時代のヒトが野生的であったとしても、ハブや山猫と同じ穴で同居できるほど動物たちと意思が通じていたとは考えられない。

不思議なことに、これらの洞窟からは、これまでの調査では生活の痕跡と断定できる石器や土器などが出土していないのである。沖縄県の各島から出土した人骨とは違って、「人工遺物を伴わないという理由で疑問視される」という学者泣かせの困りものなのである。また洞窟から発見される動物化石のほとんどが、洞穴の外に生息する種類ばかりというのも興味深いものがある。

## 鍾乳洞がどうやってできるかはいまだに分からない

鍾乳石を育む鍾乳洞はいったいどのようにして作られていくのだろうか。
原始の頃の地球の大気は現在に比べて20万倍という量の二酸化炭素を含んだガスに包まれていたようだ。このような環境ではたしかに石灰（カルシウム）が生成されやすいはずで、沖縄本島の北部一帯や中国の桂林などに見られるように、古い石灰岩からできている島や山が多いこともうなずける。

沖縄県だけで大小合わせて600ヶ所以上の洞窟が存在すると言われていることは先述したが、それらの穴の大部分は琉球石灰岩層によって形成されている。つまり、鍾乳洞と呼ばれているものである。

ノッチのことも先述したが、海岸線に見られる侵食は、1年24時間中海水と接していてもわずか2〜3mしか受けていないのである。いかに降雨（天水・$H_2O$）が多い地域でも、石灰岩の炭酸カルシウム分（$CaCO_3$）を溶かした巨大なホールなどというものは、塩酸でもかけ続けない限り完成しないはずである。

学説ではそれらの鍾乳洞は地下水が作ったとされており、島に降った雨はゆっくり地下に浸透していく過程で少しずつ石灰岩を侵食したと一般的に考えられている。なぜなら水中では石灰岩は侵食されることがないからだ。つまり、海中で生成されたはずの石灰岩はどうしても一度は大気中に浮上をしてもらわないと説明ができなくなるのである。

しかし、いかにそれが地上にあったとしても、地球の重力にしたがって流れるはずの水だけでは説明できない、つまり、重力に逆らわないとできないはずの地形がたくさんあるからだ。このことは私がくどくど説明するよりも、これまで発見されている600余りの洞窟をくまなく見てまわってもらえれば、学者でなくとも理解できるはずである。

私にしても、陸上、海中の洞窟を合わせてもまだせいぜい200ヶ所程度回っただけで、あまり偉そうなことを言える立場ではない。しかしそれでも、そこそこの調査はしてきたつもりである。

たしかに石灰質は水に反応して変形することが確認されているが、なぜ巨大で複雑極まりない鍾乳洞という構造になるのかが不思議でならないのだ。日本では確認されている鍾乳洞に限ると長いものでもせいぜい数km程度だが、外国では数百kmもの長さをもつ鍾乳洞がいくつか発見されているのである。

## 鍾乳洞そのものも「創られた」?

宮古島のボラガーの洞窟のことは先述したが、その洞窟内部には平坦な岩盤から上に向けて延びる小さな石筍らしきものがあった。もう10年ほど前のことであるが、なぜこんなところに? と思い、何本かあるうちの一本を持ち帰ろうとして足蹴にしたのである。

その折れた石筍の芯の部分が白いので不思議に思い、よく観察してみると拝みをしてまわる人たちが洞窟内部で灯した燃え残りのローソクだった。それが何年経ったのか分からないが、方解石というのか、たしかにきらきら光る石灰分に表面すべてを覆い尽くされていて、石筍の小さいものと見間違えたのだった。

そのローソクを包み込んでいた石灰分の厚さは、よくは覚えていないがわずか1~2㎜だったと思う。ということは、鍾乳洞の天井面から滴り落ちる水滴が鍾乳石を作りあげているのは間違いないのである。

しかし、ここで言いたいのは内部が空洞のものや曲がった鍾乳石はなぜできるのか、ということである。鍾乳石に多様な形があることは承知しており、カーテン状やオーロラ状に成長するタイプのものには将来的に包み込まれた空洞部分ができる可能性は充分考えられる。しかし実際にはツララ状やずんどう型の光っていない鍾乳石にこそ、空洞音が多く聞かれるのである。

鍾乳石の音響調査を始めてから鍾乳洞の探険がすっかり楽しくなってきた。すると久米島の海底鍾乳洞やヤジャーガマ、玉泉洞などにあらためて新しい発見に結びつくものがあった。鍾乳石の中にはとても自然にできたとは考えられないものもあり、私は「創られた」鍾乳石もあるのではないかと考えるようになった。となると鍾乳洞そのものも当然「創られた」と考えなければならなくなってくる。いくら奇想天外な考え方をしたとしても、どのようにして鍾乳洞が「創られた」のかは今の時点では想像もつかないが。

とくに、誰が見ても不思議に感じるのは地面から上に向かって延びる石筍である。石筍が発達するには天井側にも同じように鍾乳石があるべきだが、その形跡すら見当たらない石筍が多いのだ。ようするに〝片思い〟の石筍なのである。

また、風もなく常に一定の温度と湿度を保っている環境の中で、落ちてくる水滴が石筍の頭の部分を侵食しないで丸くなっているのも不自然である。

石筍の中には鍾乳石とつながって天井まで到達したものがある。これを石柱と呼んでいるが、この石柱も不思議だ。ほとんど同じ時代に鍾乳石や石筍の生成が始まったのであれば、同じサイズの石柱がたくさんなければならないが、そうした石柱は意外に少ないのである。

あっても一つの小ホールでは一本しか見つからないことが多く、私はこの石柱が天井の落盤を支えている大黒柱のような役割をもつのではないかと考えるようになった。このように鍾乳洞も「創る」側になって見つめていると、必要と思えるところには柱があり、しっかりと役割を果たしているように思えてくるのだ。

## 不思議な玉泉洞の千人坊主

玉泉洞の千人坊主というのは寺の坊さんのことではない。沖縄本島南部で観光地として開発されている玉泉洞の壁面に堆積している粘土によってできた形が、千個並んだ坊さんの頭のように見えるところからつけられた名前である。

ここも3度目になるだろうか、鍾乳石の音響調査を始めるようになってから再びチャレンジしてみた。まず、この巨大なホールでは天井面から延びている鍾乳石にはとても手が届かず、したがって石筍しか叩けなかったが、入ってすぐの乳白色の石筍では空洞音は聞けなかった。

全長3㎞を越えるような洞の中ほどでは鍾乳石の色も茶褐色に変わってきて、空洞音も一部に聞こえ始めてきた。しかし、出口へ近づくにしたがって粘土が多くなり、両サイドの壁面はほとんど粘土に変わってくる。その壁面にたくさん見られる小さな石筍を叩いてみると、ハンマーがスポッとのめり込んでしまうので、石ではなくて粘土だと分かった。

今度こそと思って次のを叩いてみると、コンという硬い音がして、粘土で薄く包まれたものがあり、この千人坊主と粘土の存在は怪しいのではないかと感じるようになってきた。

私は手すりの柵の上によじ登って絶対に人の手の届かないところに手を入れてみた。驚くことにそこにも粘土が付着していたのである。鍾乳洞内に粘土が存在することすら不自然なはずなのに、ましてやそこは壁面ではなく天井面なのである。仮にあったとしても地上から浸透してくる水滴で洗い落とされなくてはならないはずなのに、不思議さはだんだん募ってくる。このあたりから粘土の存在がやけに気になってきたのである。

出口に近づくと、分厚そうな粘土層のある壁面には坊主の頭のような形をしたもの、つまり〝千人坊主〟がたくさん見え始めてきた。大きさは5～10㎝ぐらいでヨーグルトの容器よりも少し大きい程度のものが、まるで一つの型から抜き取られたかのようにきれいに並んでいる。

サンプルにと思って一つ外してみたが、粘土なのである。少し大きめのものは石を包み込んでいたりして、頭はパンクしそうになってきた。

そもそも隆起した石灰岩の中になぜ粘土があるのか、不思議でならない。ある専門書には石灰岩中には粘土が分布するとか、地表の表土や岩が風化して地底に浸透したものだとか書

中央から下方に並んだたくさんの小さなでっぱりが千人坊主（粘土層）

かれていたが、私には納得できなかった。

仮に風化土であったとしても、石灰岩が溶かされて巨大な穴になるほどの風化なのに、なぜ粘土が流されていないのかが不思議でならない。ましてや千人坊主のような形まで作りあげており、洞内は芸術品でいっぱいなのである。粘土で包み込まれている石筍にしても、不思議であることには変わりない。

## 鍾乳洞は瞑想の場所だった?

これまで行ってきた鍾乳石の音響調査の中でも、なんともいえない音色が聞こえてきたのが、浜比嘉島のシロミチュー（スサノオノミコト）の祀られている洞窟にあった小さな鍾乳石である。人には食道楽や見る道楽、聞く道楽などがある。つまり五感から入ってくるものを脳で感じて快楽を得るわけであるが、このような美しい音色なら、それを聞くためだけにわざわざそこまで行く値打ちがある、とまで私は感じたものだ。音の出る仕組みはよく分からないが、地中に埋めた瓶の中に水滴が落ちるときに聞かれる素敵な音色――水琴窟の音にも似ている。この世に存在する音とは思えないほど美しい音なのである。

同じ浜比嘉島の橋の近くには200人ほどが座れそうな大きな洞窟があり、空洞音のする大きな鍾乳石が何本も垂れ下がっている。音響調査が終わった後でそこの中央に座り込んで瞑想をした。

複数の人でやればより効果が出る発声瞑想なのだが、たった一人で声を出してもからだ全体が振動でしびれるような感覚になり、一人満足したものだ。それはちょうど夕方の5時だった。瞑想の余韻に浸っているときに突然、村のチャイムが聞こえてきて、思わず振り返ってしまった。音響効果のいい洞窟内部だと音も無指向性になるのか、洞窟の奥の方から聞こえた気がして振り返ったのである。

同じ空洞音が聞かれる宮古島の成川鍾乳洞の話だが、昔はそこでしゃべっていた声が集落に響いていたという。しかし水を汲むために邪魔になるので鍾乳石が何本か折られた後は、声があまり響かなくなったと言われている。そこからも分かるとおり、鍾乳洞はもとより、空洞音の聞かれる鍾乳石の存在も、音響効果に関係がありそうだ。

最近の医学では脳から出るエンドロフィン、つまりモルヒネに似たものが分泌されることで病気も癒され、心身ともに健康状態が保たれると言われている。その一つとして瞑想も見直されるようになってきているようだ。昔の人たちはこういう場所で毎日瞑想にふけっていたのではないだろうか。

このように考えれば空洞の鍾乳石がある意味も、なんとなく分かってくるような気がする。いかに科学が進んだとしても、あの複雑極まりない鍾乳洞の美しい空間が人工的に「創りあげられる」ことは信じられないが、かといって自然が作りだしたと考えるにも抵抗がある。それは今後の課題としたい。

## 久米島のヤジャーガマ探険

久米島空港から北東に向かって車で10分くらい行ったところに大きな鍾乳洞がある。洞窟の入口周辺は森にすっぽりと覆われており、全体的には大きく陥没したような地形になっている。

30段ほどの階段を下りていくと鍾乳洞の入口が大きく口を開けており、手前の穴を覗き込むと人骨が散在しているのが見え、ちょっと薄気味悪い。本洞入口はその先に見えているが、その入口を少し入ったところにまるで人為的に作られたような石柱が二つあった（口絵写真参照）。

形はまるでキノコのように頭でっかちで、しかも石柱は〝く〟の字型に曲がっていてとても鍾乳石と呼べるものではない。ましてや、素人から見ても力学的にとても天井の落盤を防げるようなものではないはずだが、まるで天井を支えているかのように地面にもしっかりと根を下ろしている。

学術的には天井面から床面までつながっているものが石柱と呼ばれているが、これらの石柱は絶対に水滴が作り上げた自然物ではないはずだ。しかしだからといって、天井を支えるものとして人間の手で作られたものと考えるにも不可能と思えるほどに岩が大きいのだ。

全長は約５００ｍほどあると聞いていたが、洞の中には一定の間隔をおいて照明が施されており、その照明があまりにも無造作に散在していている人骨を照らしていて、けっこう探険気分が楽しめる。ただ、薄気味悪いが。

洞窟の終点なのだろうか、植物の枝や根が鬱蒼と垂れ下がっている大きな広場があり、自然の光が差し込んでいる。そこには長方形の石組みがあって、昔の風葬の場所だったことが伺える。

普通ならばここで引き返すところであろうが、その広場の一角からさらに奥深くにつながっている穴を発見したのである。岩場の影になっていて一見分かりにくいところに、やっと人が通れるほどの小さな穴があり、ライトで照らして覗いてみると工事用に使われる黄色いロープが張られていてかなり深そうな気がした。

ロープが張られているということは当然、すでに誰かが入ったということだが、ここから先はまるで自分が発見したかのような嬉しさが込み上げてくる。そこから先は照明も施されていないが大丈夫。ライトや磁石などは探険には欠かせない七つ道具で、どこへ行くときでも私は必ず持ち歩いているからだ。

狭い入口からどのくらい進んだのか、自分の勘では100mほど来たと思うところが再び広い空間になっていて、その奥まったところには黄金ではないが白銀に輝く石柱がある。初めの穴の鍾乳石とはまるで形が異なっていて美しく、神の居座る神殿のような感じもする。

その神殿のようなところで行き止まりかと思いながら進むと、ロープは狭い穴をくぐり抜けてまだまだ先に向かって延びている。それを辿ってまた狭いところをくぐり抜けると、さらに奥深い洞窟へとつながっており、ロープの先は深い闇に隠れて見えない。行けども行けどもきりのない地形のような感じがした。

私がこの洞窟を訪れたのは、鍾乳石や石筍の空洞音を調査するのが大きな目的であった。ここに辿り着くまでに数百本の鍾乳石や石筍の音響調査をやってきたが、驚くことにそれらのおよそ9割に近い数の石筍や鍾乳石から〝空洞音〟が確認できたのである。

空洞音といえば、この奥まった洞窟には石片が少ないため、懐中電灯の尻で鍾乳石を叩いたりしていた。するとその際の衝撃で明かりが消えてしまい、真っ暗やみの中に閉ざされてしまって死ぬ思いをした。

地面を這っていたロープを手探りで探しだし、それをたどってどうにか出られた。水中とは違って空気がなくなる心配がないが、単独での鍾乳洞探険は危険が大きすぎると実感した。

このヤジャーガマの特徴は、観光用のルートとして照明が整備されている最初の洞窟と比べ、奥の洞窟の方が鍾乳石や石筍が美しいのと、入口の方の洞窟は不自然な石柱や鍾乳石が多く、とても同じ場所の洞窟とは思えない点などであろうか。

これは後になって聞いた話だが、この洞窟から色のついた液体を流したところ、空港に近い海岸に流れ出たという。先述した海底鍾乳洞にしろガラサ山の石柱にしろ、そして海につながる鍾乳洞（ヤジャーガマ）や畳石、さらに後で詳しく述べるが二重に侵食を受けたと思える海岸の岩など、久米島には不思議な地形が多いのはなぜだろうか。

## 南の大聖地・斎場御嶽《セーファーウタキ》で次々に新発見

沖縄本島南部の知念村には琉球第一の聖地として知られる斎場御嶽《セーファーウタキ》がある。那覇から行くと糸満を経由して摩文仁《マブニ》の公園を過ぎ、さらに奥武《オウ》島を過ぎたあたりから、南に面した急な斜面の至るところに大きな石灰岩の塊が見える。玉城城跡やミントン城址、垣花城址や琉球の始祖・阿摩美久《アマミク》が天から降りてきて住んだと伝えられる霊城、知念城跡など、古琉球の城址が集中しているエリアでもある。

斎場御嶽は玉城城址を過ぎたあたり、知念海洋レジャーセンター近くの高台にあって、琉球開闢の聖地として知られている。この地を訪れるのは今回で5度目になるが、特別な目的もないのに、なんとなくこちらに足が向いてしまうのである。

私は斎場御嶽の中でもとくにシンボリックな、巨岩が抱き合わせになっているところへと向かった。するとこれまではまったく気付かなかったが、抱き合わせの形になった巨岩のオーバーハングした壁面から、3本の鍾乳石が下がっているのを発見したのである。

過去の私ならそれを見ても何も驚きはしなかったろうが、そのときの私はその3本の鍾乳石を発見して胸が弾んだ。それは鍾乳石の形からして内部が空洞タイプのものに似ていたからだ。宮古島でもこれと同じような、一見鍾乳石とは思えない形をしていて、内部から空洞音が聞かれる鍾乳石をいくつも見つけていたのだ。

その鍾乳石はとても手が届かないような高さだが、ちょうどその鍾乳石の真下には祈りを捧げる威部《イビ》のようなものがある。神聖なその場所にはなぜか、投げるのに手ごろな石がたくさん並べられていた。

的を外すほどの距離でもないので、それを拾って鍾乳石に向けて投げてみた。鍾乳石も結構大きいので一発目の石で見事に命中し、軽い響きの音が跳ね返ってきたときには歓喜した。思っていたとおりだったからだ。

斎場御嶽の空洞音が確認できた３本の鍾乳石

何発か外れもしたが、3本すべての鍾乳石から空洞の音が確認でき、音響調査による鍾乳石の内部空洞が確認されたのである。喜びはひとしおだった。しかし、何でこんなところに都合よく手ごろな石が何個も置かれていたのかは分からなかった。まさか鍾乳石に向かって石を投げるという、私と同じようなことを考えていた人がいたわけでもあるまい。

鍾乳石は暗くて光のないところで育まれるものとばかり考えていたのに、この巨岩の、しかも外部に剥き出しのところにとってつけたような鍾乳石ができているのは不自然ではないのだろうか。

たしかに鍾乳石にもいくつかのタイプはあるが、このタイプのものは岩と鍾乳石の間に境界がなく、洞窟の入口付近に分布するのが特徴なので、すぐに空洞だと判断できたのだ。

このような鍾乳石は重力に反して極端に曲がっていたりして、とても水滴によって自然にできたとは考えられない形をしていたりする。ここの鍾乳石の3本とも内部が空洞だとしたら、それらが人工的に「創られた」可能性は高くなってくるし、さらに鍾乳石と巨岩との間に境界が存在しないということは、岩塊そのものからして「創られた」可能性も考えられてくるのだ。

常識的に言ってもこういう形の岩は海底で育まれた石灰岩塊とはとても考えられないし、ましてや基本的にこの聖地全体が土山の基盤であることを考えれば、隆起した地形とも考えられないのである。しかも海岸からの高さは100mを越えているのである。

これは後で知ったことであるが、3本あるうちの大きい2本の鍾乳石の真下には、その鍾乳石から滴り落ちてくる水を受けるための容器が置かれていて、その水は大地を創造した母なる神の乳（聖水）と言われているそうだ。そう考えると3本の鍾乳石の真下に威部が置かれている理由が理解できる気がしてきた。


私はそのまま奥の方にある威部へと向かった。どこかのユタだろうか、祈りのための小道具やお供え物のご馳走などを広げて拝みをしていた。ところが、なんとそこにも大きな鍾乳石が1本垂れ下がっていたのである。それに、こちらの鍾乳石も聖なる威部の真上なのである。過去に何度足を運んでも関心がない状態では、これほど大きな鍾乳石でも見落としてしまうのだとあらためて思った。

ここの鍾乳石はかがんでいても手が届く高さにまで垂れ下がっていて、これまでの経験からいって明らかに空洞タイプの形をしている。適当なサイズの石を拾ってユタが横で祈っているのも構わずに叩いてみた。

「ボーン」という手応えのある心地よい空洞音が跳ね返ってきたのである。そして、ここの鍾乳石もまた、本体の岩との境界線が見られず、この岩がこの地に安置されたときからの水の侵食によって鍾乳石ができたものではないことを物語っているようだ。横にいたユタたちは何事が起こったのかといった目でこちらを見つめていた。

何度同じところに来てもこのような新しい発見があるから止められない。特別な目的もなかったのに足が自然にこちらを向いたのもこういうことだったのかと、思ってもいなかった収穫に満足した。

そして帰路につこうとしたときにふと思い出した。以前に友人から聞いていたことだが、先ほどの抱き合わせになっている巨岩の上に登れるというのである。その岩を回り込むように登り口を探していると、そのうちに岩のおもむきは消えて木の生えている普通の山の斜面の形に変わってくる。

そこには比較的緩やかな傾斜で獣道のようなものがあり、簡単に上へ登ることができた。しかし、そこは岩塊といえるものではなく、粗くてゴツゴツした感じがする岩肌で、先ほど下から見た3本の鍾乳石のあった巨岩の上とはどうにも考えられない地形をしているのである。

頂上部分には鋭く尖った岩が立っていたりして、ここもまた御願の場所となっていることに驚かされる。その拝所の裏側には抱き合わせの垂直に切り立った面が見え、寄りかかっている岩とは約5ｍほどのずれが見られる。いかにも、この不思議な形の岩の謎を悟れと言わんばかりの拝所のような気がした。

また、ここから眼下に広がる海に目をやれば、水平線の彼方には神の島として名高い久高島が展望でき、その聖なる島の方角の浜に3個の大きな岩が並んで見えている。直感というか、そこでは何か発見があるはずと嬉しくなって車を飛ばした。

幸いビーチのそばまで車で行けた。護岸からわずか20mほどの浅いところに侵食を受けてキノコのようにくびれた岩がきれいに三つ並んでいた。

両側の二つの岩は、地面と一体型のような気がしたが、真ん中の岩は地面とは離れた単独の岩であることが確認できる。両側の岩に支えられるような形で、しかも下からも支えられるように台座のような岩が存在している。

全体的な形としては、宮古島の東平安名崎のリーフの上に見られた三連岩にとてもよく似ている。それと同じように両サイドの岩によって中央の単独の岩がうまく支えられているのである。

したがって、大聖地である斎場御嶽の下に存在するこれらの三つの連なる岩は、人間に地形の謎解きをさせるために置かれたものだろうか。いずれにせよ、自然にできたものとは絶対に考えられない、人工的で芸術的なモニュメントなのである。

斎場御嶽のように同じ地を何回訪れてもこのように新しい発見があるからこそ、引き付け

聖地・久高島の方角にある三連岩

られるのだろう。空洞と思える3本の不思議な鍾乳石、その鍾乳石を抱いている巨岩の上部の不思議な地形、そしてそこから眼下の海に存在する三連岩などと興味の尽きることがない。

先述したが、そもそもこの山（聖地）全体が土でできているのである。その土山のふもとの海岸から、山の斜面や頂上までの至るところに、単なる巨岩ではなく、自然岩でもない、人為的に「創られた」、あるいは人為的に配置されたとしか言い表せない岩のオンパレードなのである。これが琉球第一の大聖地と呼ばれているところなのである。


抱き合わせの巨岩のことは書いたが、その寄りかかった岩にもう一つの岩が角度を違えて寄りかかっていたことも今回初めて気がついた。これらの岩の関係は絶対に自然によってできあがるようなものではない。琉球開闢の地ならではの神々の痕跡と言えるだろう。

『聖地や御嶽とは、神々が行動を起こした聖なる地であり、見る者によってはその痕跡が検分できるところでもある』と比嘉芳子さんは言う。

# 第五章

## 化石や土、地形やノッチが「創造」説を裏付けてくれる

## 〝風化〟と〝侵食〟という言葉を使わねば説明できないのか

これまで私が行ってきた地形調査の中でどうしても納得できないものに、水の〝侵食〟によって開けられたとされる地底の鍾乳洞がある。そこで二次的に育まれる鍾乳石や石筍についてもそうである。どうしてかというと、鍾乳石や石筍の誕生や生成が始まる時点では、鍾乳洞はすでに空洞でなければならないはずだからだ。

石灰岩の隙間や鍾乳洞内に分布している粘土、島の表層に見られる赤土などの存在も不思議でならないが、学術書の地質に関する説明では、それらすべてが「何それが〝風化〟してできたものである」と、〝風化と侵食〟という言葉で片づけられてしまっている気がしてならない。2～3例をあげてみよう。

〝風化〟とは、いろいろな原因で新鮮な岩石の表層部分が壊され、その化学的成分も変わっていく現象のこと。岩石が壊れる原因として考えられることに、温度の変化により岩石が膨張と収縮を繰り返すこと、岩石中の水分が凍って体積が膨張すること、岩石の表層部分が湿ったり乾いたりすることで膨張すること、などがある。

岩石が岩石自身の成分を変えずに機械的に壊されていくので、この現象は〝機械的風化〟あるいは〝物理的風化〟とも呼ばれる。それに対し、水や炭酸ガス、酸素などの働きで岩石の表層部分の化学的成分が変わり、「粘土鉱物」と呼ばれる細かい物質などが作られる現象は、〝化学的風化〟と呼ばれる。

熱帯雨林地域では、この化学的風化が最も活発で、地表下100mの深さでも風化を受けている場所もある。このように深いところまで風化が及んでいる現象を〝厚層風化〟または〝深層風化〟と呼ぶ。

〝侵食〟については次のように説明されている。

厚層風化層の表層部分の植生が、何らかの原因で剥がされると、激しい侵食作用を受ける。その表層部分がその後、森林に覆われれば侵食の量は減るであろうが、長い期間、風化層が露出した状態になっていると侵食の量が増える。琉球列島における化学的風化作用による厚い風化層の形成もあって、活発な侵食作用を行っているものと考えられる。

このように〝機械的風化〟または〝物理的風化〟や〝化学的風化〟や〝深層風化〟などという言葉が並んだのでは、凡人には〝風化〟という言葉を見ただけでパニック状態になってしまう。

「形あるものは崩れてしまう」という基本的なことなら考えられなくもないが、この説明には風化の種類があることしか述べられておらず、その真相については触れられていない気がする。

ここでは私にとって最も興味がある〝粘土〟についても述べられているが、水や炭酸ガス、酸素などの働きによって変化をする〝化学的風化〟という言葉で逃げてしまっている。「地表下100mまでも風化を受ける」とあるが、ここでもまた〝厚層風化〟という言葉で終わってしまっているのである。

〝侵食〟については、表土が何らかの原因によって剥がされた場合、たちまち激しい侵食作用を受ける、とあるが、はたして表層部分が侵食を受けるのか、それとも厚層部分が侵食を受けることとなのかがよく分からない。理解できない私が馬鹿なだけなのだろうか。〝風化〟と〝侵食〟という言葉がただ多く使われているだけで、地質学者としての説明には至っていない気がどうしてもしてしまうのだが。

また、「石灰岩は水と炭酸ガスの働きによって溶かされ、石灰岩特有の地形（カルスト）を作る」とあるが、石灰岩でできる地形は何も円錐形の地形には限られないので、特有でも何でもない。例えば宮古島の海底には変化に富んだ洞窟のストリートがあるが、これもカルスト地形と言えるのかどうか。これだってりっぱな石灰岩特有の地形なのである。

写真でしか見たことのない中国南部の桂林の地形のことも書かれていたが、桂林の周辺一帯が現在の山々の頂上より高い石灰岩で一面に覆われていたことを想像しながら、なおかつ現在のような形を残した地形が自然にできたと考えるにはかなり無理なものがある。〝侵食〟や〝風化〟によって現在のような形を残したとする説明には、何とも都合のいい言葉を見つけたものだと感心する。

話は変わるが、現在の科学で人工的に宝石が作れるのなら、化学的に変化をしたという粘土や赤土も元の岩石の状態に戻すことが可能なはずである。石灰岩が粘土や赤土に至る、その変化の過程をいくつも並べて説明をすれば、人は納得をするはずである。

学者であれば〝侵食〟と〝風化〟という言葉を使わずに、素人でも納得できる説明を期待したいものである。

## 岩が風化して土になったという説を否定する証拠

この世に生を受けたときから目にしている物質〝土〟に関しては、ほとんどの人が関心を示さない。多くの人は土が存在することなど当然と考えて、それを気にもとめないのだろう。

仮に興味をもつ人がいたとして、土はどこから来たのかを調べるために専門書を探しても、納得できるような文献はなかなか見当たらない。先述したように、ここでも〝風化と侵食〟という言葉でごまかしているような気がしてならない。

琉球列島には広く分布している〝クチャ〟という土がある。その中には泥岩なども含まれているというが、単純に沖縄では赤土以外の土を指すと考えていただければいいだろうか。現在は護岸の内側になっているが、宮古の島尻海岸にはクチャの断崖が見られる。

面白いことにこのクチャの層からゾウの化石の一部分が発見されたのである。地質関係者泣かせの地層なのだと思うが、この島尻層を挟んだ両側には〝ノッチ〟が確認される石灰岩が存在する。

ノッチについては先述したが、それは歴史を生きた動かぬ証拠であり、ノッチが侵食を受けはじめたときにはすでにその地層は存在し、ゾウの骨は地中に埋もれていたことになる。いかに風化が早いといわれる島尻層群の泥岩でも、岩から風化して土になるという考え方で行けば、岩の中にゾウがいたということになるではないか。また、岩石の中に隠されている生物の化石についてもすべて同じことが考えられ、生きていたときに岩の中に潜り込んだものと考えねばならなくなってくる。

次に、石灰岩の風化によってできたとされる〝赤土〟について考えてみよう。方言で島尻マージと呼ばれる〝赤土〟が琉球石灰岩上に発達しており、島々の主要な土壌となっているが、その島尻マージはどのようにしてできたのだろうか？

これまでは島尻マージ（赤土）層に琉球石灰岩の礫がみられることなどから、琉球石灰岩が風化してできたものと考えられ、この考えは広く受け入れられてきた。

しかし、その説を受け入れることのできない学者たちもいる。すなわち、これまでの琉球石灰岩の風化によってできたとされる説は、島尻マージ（赤土）の厚さが１ｍ以上にもなること、琉球石灰岩には無関係な鉱物が含まれている場合もあることなどを見ても、純度の高い琉球石灰岩が風化してできたとは考えにくいという反対意見も述べられている。

また、地中海沿岸に分布する石灰岩の上に見られる赤土（テラロッサ）の母材についても、同様な議論があり、石灰岩が風化してできたとする考えと、サハラ砂漠から運ばれて石灰岩上に堆積した砂が風化してできたとする考えがある。このように、海外でも赤土の母材については現在でも依然として決着をみていないのが現状のようである。

つまり、要は積極的な証拠がないにもかかわらず、一般的には石灰岩から風化したものだと信じられているわけである。先の〝クチャ〟にしろ、この〝赤土〟の説明にしろ、子供だましのように感じられて仕方がない。

実際には地質学者泣かせのお手上げの状態なのではあるまいか。しかし、そこには〝学者〟というプライドがあるので、素直に「分からない」とは言えない立場が影響しているような気がしてならない。皆さんもご存じのように運動場で白線を引くときに使われるのが石灰の粉なのである。いかに化学的な手を加えても赤土になることなど考えられないではないか。

初めにもあったように、島尻マージ（赤土）は琉球石灰岩の上に分布している点、赤土に石灰岩の礫が混ざっていることがある点を理由に、石灰岩が風化してできたものと考えられてきたようである。しかし第3章のところで紹介した神話のように、石灰岩だけだった頃の島の上に、神々によって巻き落とされたという説で行くと、赤土の中に石灰岩の礫が混ざったものと考えることができ、風化説よりもずっと信憑性が感じられる。

琉球列島が大陸とつながっていたという説では、いかに数百万年とか数千万年、あるいは数億年という長い年月を持ち出してきても、また、何百回という沈降と浮上を繰り返してきたとしても、このような土の存在を正しく説明することはおそらく不可能であろう。先述したとおり、神話のように神々によって土が巻き落とされたとする説の方がかえって真実味があるのではないか。

このような異端的な発想は、序章で書いたように創造者たちと私たちの科学の間にあまりにもレベルの差がありすぎるためにいまは理解できないかもしれないが、人類の科学がもっと進歩してきたときにはすべての人に理解できるようになるはずである。物体、物質を浮かせて運ぶことができる科学力を想像するだけでも、多くの地形の謎は解けてくるはずなのだ。

## 宮古島の地下ダム構造も「創造」の痕跡？

上空から眺めた宮古の島は、まるで山が切り取られたかのように美しい平地を構成している。私は飛行機から見下ろす機会があるたびに、いつもそのようなことを考えてきた。そして最近では、飛行機の航路を考えて右舷か左舷かを決め、窓際をリクエストすることにしている。まるで子供のようであるが、島々の景色が見えなくなるまで身を乗り出すようにして眺めている。

上空からだと島を取り巻く海底の様子まではっきりと確認できる。潮の流れでできるのか、浅い海底には一方向に流れる美しい流線模様が見えたり、岸から遠く離れたところにも浅瀬が見えたりして楽しいものである。

山といえるほど高い山もなく、川といえるような川もない宮古島は、旱魃でも飲料水や灌漑用水が枯れることはまずない。なぜなら、大量の水瓶が地下にあるからだ。数年前から行われてきた地下ダムの工事が完成し、現在、宮古島の地下には無限とも思えるほどの水が貯えられているのである。

地下ダムと言っても構造がピンとこない方もあるだろうが、宮古島は隆起した石灰岩がさらに浮上をした島ということで、島の中央の下部層には数ヶ所に区切られた石灰岩の層がボーリング調査結果で確認されていた。

その石灰岩の層が水を通さない粘土質の土に囲まれていることが知られており、これまでは地下に溜まった水は自然に島の外部に流出していた。その水脈を塞いで造られたのが地下ダムなのである。それでも普通のダムのように満々と水を貯えた池のようなものをイメージしてしまうかもしれないが、実際の姿は違う。スポンジが水を含むように、石灰岩の隙間の中に溜まる水が数百万トンもあるのである。

一見すると、宮古島の周囲は石灰岩に囲まれているように見えるが、このように地下深く調査をしてみれば、巨大な石灰岩の層が水を通さない粘土質の土ですっぽりと包まれていることが分かってくる。このような構造は基本的には隆起説では説明できないであろう。

いかに小さな島でも、人間が住めるほどの島で、水の湧き出ないところはおそらくないだろう。島に降った雨は地下のスポンジのような石灰岩を浸透し、ある場所に溜まると、あるところで地下水道となり、どこからか湧水となって地表に出てくる構造になっているはずである。

これまで隆起と沈降を何十回と繰り返してきた琉球列島のほとんどすべての島に湧水構造

がある、などという偶然が、自然界の中で起こりうるだろうか。もしもこれらが偶然によってできたものであるならば、まさに奇跡と言ってもいいであろう。

地下ダムが完備された宮古島にしろ、エジプトのピラミッドにしろ、地下深いところから設計されて「創られた」はずだから、いかに小さな島といえども海底深いところにその基礎構造があるはずである。仮に深海艇などの調査により海底でそのような痕跡が発見されたとしても、その基準面を水面上に持ちあげなければならないと考えるのでは、あくまでも現在の科学技術よりも過去の科学技術の方がレベルが高かったということが前提となる。

ここで言う〝痕跡〟とは海底遺跡のような地形のことであり、人工的と思われる地形が海底で発見されたとしても、必ずしも地上にあったと考える必要はないのである。明らかに遠い過去に建設されているはずのエジプトのピラミッド一つとっても、その建設方法すらまだ想像の域を脱していないのが私たちの現実なのだから。

内部構造までも複雑多彩に設計されたエジプトのピラミッドを建設するために必要となる高度な技術や科学力があれば、小さな島を建設することなどやさしいことではないだろうか。

〝小は大なり〟という言葉があるように、小さいものと大きいものは同じ構造であるならば、もっと大きな島の建設も可能になってくるはずだ、と私は考えるのである。

海底の地形がある程度は理解できるように書かれている、海上保安庁が制作した海図では、琉球列島全体がおおむね200mほどの水深で一つの棚になっているのが一目瞭然である。これは島を「創りあげていく」段階の基底部、つまり基礎のようなものだとは考えられないだろうか。海洋地質学者でもある琉球大学のK教授にしても、比較的浅い海底の地形がどのようにしてできたのか説明がつかないと述べている。

山も川もない宮古島の地下に淡水が溜まる構造では、その一部の水が海底からも湧き出る構造になっており、魚や海藻類などにも大きく影響を与えているはずである。大潮の干潮時にはほとんど全域が干上がってしまう宮古島の与那覇湾は、川をもつ島々とよく似た汽水域と同じような環境で、海藻などが繁茂しやすく、稚魚などの餌も豊富で、しかも安全に育成できる場所でもあるのだ。

## 化石は真実を訴える

私も化石や石灰岩に関する勉強ならいささか積んできた。まず〝化石〟の語源であるが、ラテン語のフォシオ（fossio）から来ているようである。そこから、化石のことを英語ではフォシル（fossil）という。これは「発掘したもの」という意味に由来する。一方、日本語の〝化石〟は中国語譲りの言葉のようで「石になったもの」というイメージが強い。

化石には大きく分けて遺体と痕跡の二つがある。遺体の化石は分かるが、痕跡化石はその存在さえ信じがたいものである。動物の足跡や糞や棲んだ跡のようなものまで含まれており、必ずしも石のように固いものばかりではない。

つい最近も『氷漬けのマンモス発見！』と、大きな見出しで新聞に載っていたが、このように軟組織と呼ばれる肉体部もきわめてまれではあるものの、化石となって発見されたりもする。

沖縄では1926年に本島南部の島尻海岸の地層から初めて鹿類の化石が報告されたというが、そもそもこういう化石の発見があったからこそ、琉球列島が大陸と陸続きだったのではないかと考えられるようになったのであろう。少なくとも1世紀前にはこのようなことを叫ぶ学者はいなかったはずだ。

その後に発見されることになる多くの生物化石や人骨などの年代測定による誤った結果を取り入れたことや、発掘場所の地形や地質の不思議さを目の前にして、多くの学者、とくに地質学者は頭を悩ませてきたことだろう。次の文章を見てほしい。

「沖縄本島南部のある地域では、現在の沖縄では生息していない杉や桧の化石が出る地層があり、その近くからは海底に生息するはずの有孔虫の化石も確認されていたり、石灰岩の塊が山頂付近で見られたり、石灰岩から風化してできたといわれている赤土なども同じエリアに確認されているのです」

これはある文献に書かれていたものである。寒い地域の植物や暖かい海に生息するはずの化石が同じ地層に混在するという、ほんの数行しか書かれていないこの文章が事実であるならば、学者は頭を抱え込んでしまうはずである。

これはほんの一例でしかないが、このように説明のつかない地形または地層など整合性の見られないところがあると、〝不整合〟という、うやむやな解答を与えるのに都合のよい言葉で片づけられてしまう。

これは説明のつかない地形が多いということであるが、生物の化石の多くはそのような地層で発見されているのである。化石や地形は真実のみを訴えているはずで、それに関係する研究者たちが年代測定結果から得られた解答を信じ込みすぎたり、琉球列島に多く分布している石灰岩の生成が必ず海中でしかなされないと信じ込んでしまっているところに問題があるように思われる。

化石はどこにでも見ることができる。石灰岩地質の多い沖縄県では石灰岩を切り出して、床や壁などに使用しているが、その石灰岩を板状に切って作られたテーブルの表面は模様も美しく、いろんな種類のサンゴや貝の化石が目に飛び込んでくる。ルーペなどを使ってくまなく調べてみると、小さな生物の死骸と思えるものが発見できて楽しくなってくる。

その遠い過去の姿をそのまま残しているのが化石なのだ。不思議なもので地形と地質を調査しているだけでも、ある程度広い分野の知識を積まなくてはならなくなってくる。生物は真実そのもので、生物進化の証拠や往時をしのばせる真実は化石が語ってくれているような気がする。嘘のつける生き物はおそらく人間だけなのだろう。

もしも将来に新しい年代測定法が発見されて誤差がとても少なくなったとき、また、海底の砂やサンゴを原材料にして、石灰岩と同じような岩が人工的に造られるようになったとき、これまで多くの謎とされてきた〝不整合地質〟のことも解明されるはずである。

## なぜいつまでたっても進化途上の生物化石は発見されないのか

化石の調査から切り離すことができないのが〝進化論〟である。現在でもそうだが、今から30年以上も前に私も「人間は猿から進化した」と教えられた。ほとんどの人がこの説を頭から真実と思い込んでいるのではないか。子供はなにしろ先生が嘘を教えるはずがないと信じているし、学校教育ではもちろん、TV番組や博物館などでも今もなおそのような説明がなされているわけだから。

ところが琉球列島の石灰岩から出てくる貝やサンゴの化石はほとんど現存するものばかり

で進化の痕跡は見られない。つまり、それだけでも進化説は通用しないことになるのだ。

生物が進化したのであれば、進化の系統樹における進化途上の生物が過去に存在していなければならないはずなのに、なかなか発見されない。

かつて、恐竜の化石の地層から「始祖鳥」が発見され、爬虫類から鳥類への中間種の発見だと大いに騒がれたが、この問題は1977年にケリがつけられている。

始祖鳥が発見されたのと同じ地質時代の岩の中に、普通の形をした鳥の化石も発見されたからである。それまでは始祖鳥が最も古い鳥とされてきたが、この発見で鳥と始祖鳥が一緒に飛び回っていたことが分かり、鳥類もやはり化石の歴史の中に突然現れたことが明らかになったとされる。

この事実は後述する、恐竜と人間の足跡の化石が同じところから発見された点とも似て、同じ時代に共に生きていた証となろう。

進化説を信じてきた博物館や進化論科学者は、今でも進化途上の生物の化石を喉から手が出るほど欲しがっているはずなのに、残念ながら化石の調査ではそのような化石は見つかっていない。それだけでなく、その代わりに突然姿を現したと思われる生物の例が頻出しているのである。

何億年も前に生きていたとされてきた三葉虫やシーラカンスでさえも、現在のものとまったく同じ姿をしていたことも分かっているとおり、いかに長い時間をもちだしてきても、生物の進化を証明することにはならないのである。

## 恐竜と人間の足跡ができた化石の謎に挑戦！

先述もしたが、甲殻類ではなく骨格もない軟体動物の化石や人や動物の糞、動物の足跡などといった信じられないものが、化石の中にはたくさん発見されている。その中でもアメリカ・テキサス州のバルクシー川の岩棚から発見されたという人間と恐竜の折り重なった足跡の化石は、あまりにもショッキングなものとして、進化論科学者たちには受け入れられていないのが現状のようである。

私の知っている地質学者にそのことを聞いても、そんなことは絶対にありえない、知らない、信じられないの一点張りだった。

学者の立場であるならば、その情報がニセモノなのか真実なのかを追究してから述べるべきで、このようにこれまで自分たちが作り上げてきた進化論にとって都合の悪いものは容認できないだけでなく、そういう事実があること自体を拒否して闇に隠匿しようとさえするのだから困ったものである。

この恐竜と人間の足跡の化石は、南山宏氏の『恐竜のオーパーツ』の中で紹介されていたもので、私自身が実際に現場と化石の実物を見たわけではない。それを見て思うのは、恐竜と人間の足跡もさることながら、地形と地質の謎を追究する私にとっては、それよりももっと不思議な謎がいくつか隠されているように思えることである。

まず第一に、足跡ができるには適当な固さと柔らかさのある土、田んぼの土か粘土のような環境が必要なことは言うまでもないが、その足跡が化石になるまでの時間にこそ実は謎がある。

このような環境下での足跡は、ある程度の雨が降るだけでも消えてしまうはずである。ということは長い年月を要してできあがったものではなく、きわめて短期間に化石化されたと考えねばならなくなってくるはずである。

粘土質のような土であれば、高熱を加えるだけで石に変化することは焼き物などで証明できる。仮に何らかの原因で土の足跡が瞬時に化石になったと考えたとしても、次にその足跡の上に石灰岩があるという点が今の私にとっては不思議であり、この石灰岩の存在の方がむしろオーパーツではないか、と思えるようになってきたのである。

人間と恐竜の足跡の化石は、約30㎝ほどの厚みの石灰岩の下敷きになっていたと説明されているが、上部に石灰岩が堆積しているということは、最低でも一度は海底に沈み、再び浮上したものと考えなければならなくなる。とすると、海底でサンゴや礫が堆積して岩化に至るまでには、足跡はかなり摩滅するはずである。

琉球列島が何度も浮沈を繰り返したと説明するときのように、このバルクシー一帯を何度も浮沈させても構わないと言われても、浮沈だけではこの石灰岩の説明はできないはずだ。そこで私は次のような空想を描いてみた。

「この貴重な真実（足跡）を後世に残すために誰か（創造者たち）が少しだけ「コンクリート（石灰岩）を練り、この足跡の上に薄く被せたのではないか」という発想である。

とてつもない発想で飛躍のしすぎかもしれない。しかし証拠隠滅ではなく、人間と恐竜が同時代に共存していたことの証拠保存のために、創造者たちが残してくれたものとは考えられないだろうか。島々や地形の創造者であれば不可能ではないはずだ。

なぜこのような発想を思いついたかというと、これまでの調査の中で、石灰岩にも柔らかい時期があったと考えなければ説明がつかない形の岩がたくさん見つかっているからだ。ちなみに石灰岩の崖などで見られる横筋のようなものは、何度も練った柔らかい状態の石灰岩を上に重ねたときにできた筋ではないかと私は考えている。

このように考えれば、石灰岩の中に異種の石や陸上動物の骨などが混ざっていても不整合として悩む必要はないわけである。できれば私もバルクシーの現地を視察してみたいと思っているが、今のところは琉球列島だけで精いっぱいなのである。

## 〝ノッチ〟が真実を語ってくれる

海岸線に見られるノッチについては第2章でも説明した。ノッチの調査を重ねていくうちに不自然な形のもの、つまり名前をつければ〝不整合ノッチ〟とでも言ったらいいか、海水の影響だけでは説明のつかないノッチがあることに気がついてきた。しかしとりあえずは、私もこれまで海水の影響によって侵食されたものだと信じてきたので、第2章ではそのように書いた。

しかし、調査を重ねるにしたがって〝不整合ノッチ〟は増える一方であり、収拾がつけられないほどややこしくなってきてしまったのである。たしかに多少は海水の影響によって侵食を受けることも間違いないのだろうが、ノッチ自体にも「創造」の手が加わっているのではないかと考えざるを得ない〝証拠〟が各地でたくさん見つかっているのである。

ここではそのような不整合ノッチの数々を紹介してみよう。

まず片面ノッチというのか、海岸でよく見るコンクリート製の護岸壁と同じように片側しかノッチの発達してない孤立した岩が何ヶ所かにあること。この岩は基本的には地盤から延びているもので、転石や侵食を受けた崖の崩落岩などではない。だとすると、周囲全体が同じように侵食を受けていなければならないはずだが、そうではない。

次に、宮古の下地島には自然にできた直径50～70mほどの〝通り池〟があり、海に通じていて干満作用を受けている。周囲は10mほどの高さの崖に囲まれているので、風、つまり波の作用を受けることはまったくないはずだが、海水面には立派なノッチがある。逆に、通り池のすぐ近くには通り池と同じような構造と環境を備えている池が3ヶ所もあるが、そちらにはまったくノッチが見られない。ということは、少なくともノッチそのものは波の作用とは直接的には関係がないとも考えられてくる。

次に、久米島の清水小学校の下の浜には2段に侵食を受けたようなWノッチが確認されている点は先述したが、次のページの写真でも分かるように、このWノッチの痕は数mもかけ離れたものではなく連続的にえぐられた形のもので、この高さなら、波浪の高い日には2段すべてに影響を受けるはずである。つまり、これまでは海面の変動の証拠のように考えられてきたが、自然によって残された痕跡とは考えられなくなってきたわけである。

その証拠に、このWノッチからおよそ20m程しか離れていない、逆に言えば一番近いところにある岩には、なんとWノッチの欠片すら存在していないのである（写真右）。

このようにWノッチ岩のすぐそばにある岩がS（シングル）ノッチであり、Wノッチ岩は孤立した小さな岩なのである。たしかに偶然によってこのような形に侵食されたと考えられ

Ｗノッチ（後方）と手前のＳノッチはほぼ同じレベルに存在している。

なくもないが、これらの岩も「創造」のときに手が加えられたものと考えるには無理があるだろうか。

初めの〝片面ノッチ〟に関しては、「創造」説だと〝波返し〟の理由が考えられる。これは現在のコンクリートで作られている護岸のR（アール）と共通するものがある。両方とも陸の植物などがダイレクトに波をかぶることで悪影響が出るのを少しでも抑える役割があると考えられる。つまり、ノッチそのものが「創造された」という可能性も否定できないということだ。

また、Wノッチのすぐそばにある岩のノッチは、これまでどこの島でも見たことがないほど滑らかな曲線と美しい形と色をしている。コンビネーションというか、どちらの岩も不思議な形をしており、なんとも面白い取り合わせになっているのである。Wノッチの説明をつける前にこの不思議なSノッチについても納得のいく説明がなされなければならないはずだが、学者の目には止まっていないようだ。

宮古でも、日本の浜100景にも選ばれている佐和田の浜と、東平安名崎のリーフの上に散在している岩群の中に、2重にノッチの痕が見られるものが確認できるが、いずれも傾いている。しかも久米島のWノッチと同じように、1段目と2段目にほとんど間隔がなく、液体の海水によって作られる形とはとても考えられないのである。

宮古の伊良部島にはノッチの上部がカジキの上顎のように細く、長く、薄く残された岩もあり、なぜそのような形で取り残されているのか納得できないものもあったりする。

ノッチが形成される理由は他にもあるのかもしれないが、このような不整合ノッチを総合的にとらえてみた場合、これまで考えられてきた海水の影響による侵食だけでは説明が難しくなってしまうのである。

このようにノッチまでもが自然にできたものではないとしたら、他にどのような原因が考えられるだろうか。「創造」説しかなくなってくるのではないだろうか。

ここまで言うと病的だとさえ思われる（すでに思われている？）かもしれないが、「創造」説に基づいて考えてみると、ノッチは島々が完成したときの海水面の位置を記しておくために創造者がつけた目印ではなかったのかという考えまで起こってくる。

もう一つ考えられることは、創造者たち自身が創造の芸術性というか、楽しみながらそのようなものを残し、将来の人間たちの目も楽しませてくれようという計らいがあったのではないだろうか。海岸を歩いていると、ときたまため息が出るほど驚嘆する形の岩があるのに気がつく。

よく「自然は芸術だ」などと言う人がいるが、自然にできたとは思えないような地形は多く、とくに観光名所や古寺周辺などにそのような石組みがよく見受けられるはずである。

今回は極力琉球列島からはみ出さないようにと思っていたが、どうしても遠くにも飛んでしまいたくなる。読者の皆さんは日本の領土として最南端の位置をご存じだろうか。そういうと沖縄県の波照間島を思い浮かべる人が意外と多いのではないだろうか。

波照間島はたしかに有人島の中では日本の最南端にあたるが、小笠原のさらにはるか南方の海上に、はたして島と呼べるのか、侵食を受けたキノコ型の岩が一つあるだけの島がある。その「沖の鳥島」こそが日本領土の最南端なのである。

そのキノコ岩は広いリーフに守られているはずなのに、波の影響でいつ折れてもおかしくないほど細くくびれた形になっている。現在ではその海域（領土）を確保するために、消波ブロックを幾重にも並べ、半ばコンクリート漬けにされた島（岩）となっている。

当然のようにその島（岩）にもノッチが確認されているが、外洋の真っ只中という環境を考えると、いかに波穏やかでもうねりなどによって波の方が島（岩）よりも高い状態のときの方が多いのではないかと考えられる。

そう考えると波の高い外洋で、キノコ型に美しく侵食されているにしろ、残っていることだけでも奇跡だと言えるのではないだろうか。その岩が存在することで堡礁となり、その岩が折れてしまったら環礁という呼び方に変わってしまうのだ。そうすると日本の領土ではなくなってしまうというのである。

ところが皮肉なことに、その岩（領土）を守るために厳重に取り囲んだはずの消波ブロックが動いて、その岩を倒してしまうことが最近になって危惧されてきているようである。大自然は偉大なり。

したがって北緯20度の日本最南端の地・沖の鳥島のノッチもまた創造者たちによって「創造された」ものであり、その環礁が長い年月をかけてどう変動・変化していくかを見るために、海面レベルに印をつけたのがノッチだとは考えられないだろうか。琉球列島から遠く離れた沖の鳥島のノッチからも沖縄の島々で見られるノッチからも、海面の変動があったとは考えられないのである。

石垣島の南東に位置する宮良湾に散在する岩群は、今から230年ほど前に起きた明和の大津波によって打ち上げられたと言われているが、どの岩にもノッチの形跡はまったく確認できない。230年をかけてもほとんど侵食を受けることがないとすると、現在見られるノッチがわずか数千年という短期間でできたとは考えられなくなってくる。

仮に、今からおよそ12000年前に世界的に起こったとされる天変地異のときから侵食が始まったとしても、数mという深いノッチの説明はできなくなる。ましてや現在の海底遺跡にいたっては、わずか数千年前に沈んだという学者さえいるのだから、そんな説はどうにも通用しないはずだ。

このようにノッチも「創造」説でとらえると面白くなってくる。つまり、どのような説明のつかない形のノッチが存在しても、説明がつけられるからである。このように無言の〝ノッチ〟はいつも真実を語りかけてくれている気がするのである。

## 東京にもノッチがあった！

平成11年1月20日、なぜか埼玉に行くことになった。

朝霞市に住む親戚から温泉にでも行かないかと誘われたのだが、宮古島から東京往復を入れてたった3泊4日の旅行で、温泉にだけ浸かりにいくのはもったいないと思って地図帳を広げて調べてみたのである。そこで見つけたのが日原鍾乳洞だった。

何もここで内地の鍾乳洞のことを書かなくてもと思われるかもしれないが、沖縄から遠く離れた日原鍾乳洞において、この章を締めくくれるほどの発見があろうとは想像すらできなかったのである。

そこは奥多摩湖の近くで、東京都に属するというが、近づくにつれて山は深くなり、数日前に降った雪が山の斜面に白く残っていたりして、沖縄から来た人なら誰でも飛び上がって喜びそうな景色が車窓から飛び込んでくる。おまけに昨日飛行機から見えていた富士山も、奥多摩に向かう間中ずっとはっきりと見えており、まるで私たちを歓迎してくれているかのようであった。

鍾乳洞のある日原が近づいてくると道路も狭くなり、周辺の山とは全然マッチしない、まるで中国の桂林の風景を想像させるような石灰岩の山が忽然と姿を現してくる。外気の温度はゼロ度ぐらいだろうか、暖房のかかっている車内とは20度ほども温度差があり、車を降りた瞬間は一瞬体が凍りつく感じさえする。

料金は大人一人600円だったたか、それを支払い、短い橋を越えたところにある鍾乳洞の入口へと進む。少し入ったところがT字路になっており、初めに左に進んでみたらほんの20mほどで行き止まりになり、そこから先は入れないようにネットで囲われている。

これで600円だったらぼったくりじゃないかと一瞬思ったが、T字路を右に進んでいくと連れが3人もいることを忘れてしまうほど興味ある地形が現れてきた。その中でも一番感動したのが〝ノッチ〟の存在である——。

最初はノッチとは思えなかったが、奥の方へ進むにつれて形がだんだん整ってくるのである。まさかこんなところにノッチが？　と信じられなかったが、このノッチは琉球列島のど

東京・日原鍾乳洞のトリプル・ノッチ

こにでも見られるノッチとは違い、久米島で見られる2段あるいは3段ノッチと呼ばれているものとよく似ているのである。

私は興奮してくるのを抑え切れずに写真を撮りまくった。写真に写っているように手のところに1段、お腹の高さに小さいものが2段になっているのが確認できる。私はしばし目を閉じて、ここがどこなのかをじっくりと考えてみた。

東京都、奥多摩の山中のしかも石灰岩からなる洞窟の内部である。水の侵食によって作られるはずの鍾乳洞の内部なのである。百歩ゆずって隆起した地形だとしても、これほど見事なノッチが存在すること自体考えられないのである。

仮にそのノッチが海岸で侵食されたものとすると、その空間（洞穴）はその時点ではすでに存在していたことになる。とすると、その地形は陸に押しやられてから水の侵食によって開いたという鍾乳洞穴とは矛盾してくるではないか。

第2の驚きは、弘法大師が修行をしたという場所がこの洞窟内にもあることだ。弘法大師といえば謎の人物である。四国で八十八ヶ所に寺を作り、その寺ごとに何年間も修行を積み重ねたと言われている。仮に18歳あたりから毎年1寺を建てたとしても、かるく１００歳を越えてしまうことになる。さらにそれだけでなく和歌山の高野山とか、この日原鍾乳洞の中で修行を重ねたなどということは、現在の人間の寿命から考えると信じられないことである。

それはさておき「水琴窟《スイキンクツ》」というのをご存じだろうか。鍾乳洞の音響効果のところでも書いたが、地下の中にカメを逆さに埋めて地上から水を一滴ずつ落とすと、その音色はすこし金属的な響きをもち、地中から聞こえるという演出効果と相まって、不思議な印象を与えてくれるというものだ。水滴とその水滴を受ける容器が微妙に関係して絶妙の音が出る仕組みになっているのである。

その水琴窟のような素敵な音色が聞こえてくる一角があったが、まさにそこが弘法大師が修行をした場所『護摩段』だと書かれていたのである。辞書によると、この水琴窟はその仕組みの難しさなどから、江戸時代の庭師などが腕を競ったとある。その複雑な仕組みが、洞窟の地底で自然にできることが考えられないのである。しかも弘法大師がいったいどこの誰からそういう情報を得て、この奥多摩の地までやってきたのかも、まったく不思議でならない。

まさにその場所にいても、耳を澄ませてどうにか聞こえてくるほど小さな音であるが、まわりに人気がなく、しかも瞑想状態に入れば、音も大きく聞こえてくるようになり、様々な音色に感動してしまう。

先ほどの見事に抉り取られたようなノッチにしろ、水琴窟にしろ、こんなものが自然の力できあがるとは考えられないのである。そして、もう一つ感動があった。粘土の存在である。洞窟の最奥部にあたるのか、かなり広い空間がある。「十三仏の掛け軸」と書かれた場所の一角に、なぜか粘土で山のように覆われているところがあったのだ。

その粘土がこの空間でどのような役割を果たしてきたのかは知る由もないが、これまで私は琉球列島の島々の鍾乳洞になぜ粘土が存在するのか疑問に思っていた。それが奥多摩の鍾乳洞で粘土を見ることになるとは考えもしなかったし、とても興味が湧いてきた。

さらにもう一つある。その鍾乳洞には似合わない鍾乳石や石筍があったことが不思議でならなかったのだ。なぜ似合わないと思ったかというと、まるでどこからかもってきて置いたかのような石筍も見られたからで、できればそれらを叩いて音を聞いてみたかったのだが、折って持ち帰る不届き者がいるようで、鍾乳石や石筍のあるところは手が出せないようにネットで保護されていてかなわなかった。

決められたコースがすべてでないことは分かるが、想像を絶する規模の鍾乳洞で、関東一と言われるだけのことはあると思った。また、空中浮揚の技が使えるなら、ライトの光も届かないほど高い天井部分の構造も調べてみたいと思った。

なぜなら鍾乳洞の入口にあった洞窟の由来文には峰の上まで通じているように書かれていたからだ。

日原鍾乳洞のある剣ノ峰

『古文書に「剣ノ峰上ニ一洞通ジ、ソノ窮極ヲ知ラス、是ヲ剣ノ峰トス」とあり』と、まるで剣のように鋭く聳え立つ上部にまで内部の穴が通じていることがほのめかされており、往古から注目されていたものであったという。

また、『鍾乳洞とは明治以降の呼称で、それまでは「一石山」又は「一岩山の御岩屋」と言われていた』とあり、神々との関わりが偲ばれてくる。そして川を挟んだ駐車場の上には、剣ノ峰を正面に見るようにして天照大神の祀られた社が鎮座している。

その名も〝一岩山神社〟という。これはつまり〝鍾乳洞神社〟ということになり、沖縄七宮のところでも書いたように、神殿のすぐ背後にある洞窟地形の存在と形態がまさしく一致してくる。ただ、このように垂直に切り立った地形では、神社を築き上げる場所がなかったために川を挟んだこの場所が選ばれたのであろう(『 』は日原鍾乳洞のパンフレットより)。

# 第六章

## 次々と「創造」説を裏付けてくれる聖書

## 縄文人は原始生活に送り込まれた文明人だった？

われわれ人類は今、科学時代の中にいる。知識としてはかなりのものをもっているはずである。しかし仮に今、その科学の進歩が逆に災いとなり、創造された大自然を破壊しすぎてきたことで神の怒りに触れているとする。

創造者たちは人間たちに二度とこのようなことができないようにと、鉄道も船も飛行機も自動車も道路も何もかも、文明の痕跡となるものすべてを破壊し、優秀だった科学者たちも世界各地、または無人島のようなところへ追いやってしまわれた——。

このような状態になったときのことをイメージしてみると面白い。

どんなに優秀だった科学者の男女が漂着したとしても、原始時代と同じことがまた繰り返されることになるはずなのだ。その二人は文明の利器といえるものは何も持ち合わせない状態である。マッチもライターもナイフも包丁も、パンツもシャツも釜も鍬も何もない、まったく大自然そのままの状態なのである。

そういう状態の中でもまず実行できることは、硬そうな木を擦りあわせたり、石と石を擦りあわせたりして火を確保する努力をすることである。しかしこれは知恵のついた人間の進化でもなんでもない。暖を取るためと食物を焼くという目的が記憶の中にあるからこそ、火を起こそうと考えるのであって、ライターやマッチがなければその代わりに硬そうな木や石をこすって火を起こす努力を始めるはずなのだ。

生きていくためには寝る場所も探さなくてはならない。とりあえず洞窟のような地形と、これだけは絶対に欠かせない〝水〟場の確保、そういう場所を探すことから始まるはずである。

その次に食物を探さなければならない。動き回る獲物を確保するためにはとりあえず落とし穴のような仕掛けを作るだろうが、手だけで掘れる穴には限界があるだろうし、動物を仕留めるためには素手で木を折ってツタのようなもので石を縛りつけた、石斧のようなものをつくるはずである。これも知恵のついた進化の過程ではなく、〝記憶〟なのである。

また着物を着ていたという記憶は残っていても、植物から繊維を取り出して腰に巻けるほどの生地（衣類）を作り出すには何年もかかるはずである。布を織るという知識はあっても、実際に植物繊維から一枚の布を完成させるにはかなりの手間と時間が必要なはずである。それに現在使われているような金属製の刃物一つ作るにも、知識だけがあったとしても相当な年月がかかるはずなのだ。

そのうちに二人の間には子供が生まれてくるだろう。親は子供に昔の文明の頃の話をするに違いない。それが何代にもわたって子孫に伝承されていくはずで、仮に「光よりも早く移動できる乗り物があったんだよ」と話しても、二代目、三代目には実感として湧いてこなくなる。すると伝承は少しずつ崩れてきて、真実が後世に伝わらなくなるということはおおいに考えられることである。

また刃物もないので、ひげや髪は伸び放題となり、腰には動物の毛皮かどうにか作れるようになった植物繊維でこしらえた生地を巻きつけて、適当なサイズの石を棒の先に縛りつけた〝石斧〟を持ってと、まさにそれは現在のわれわれがイメージしている〝縄文人〟にどんどん近づいていくのである。

その〝縄文人〟たちは、パソコンや自動車などを作り上げる知識と技術があったとしても、現実問題としてとりあえずは石を投げるところから始めなければならないはずである。遺跡や洞窟などから発見される人骨などは、その年代測定によって縄文人とか弥生人という時代のレッテルを張られてしまい、既成概念として原始的な生活を送っていたと決めつけられているが、実は上記のようなことかもしれないのである。

このような時代が長く続いたとも考えられ、それこそが猿から進化した人間が石器などを使いはじめたとされる、いわゆる〝縄文人〟の真相なのかもしれない。

これまでもそうだったが、世界各地の遺跡から発掘されたものの中に、その時代の文明にはそぐわないものもたくさん見つかっている。それがオーパーツとしてうやむやに扱われていたり、ひどい場合には闇に葬られたりしているともいう。

最近のニュースなどでもよく入ってくる情報であるが、縄文時代や弥生時代の遺跡とされているところからも、これまでの常識を覆すような発見がどんどんなされており、その度に頭を悩ませている人たちがいるのである。

それらは創造者たちによって、人類が原始的な生活を送らねばならない状態にされたときから始まった、科学知識はあるけれども原始的な生活を続けざるをえない時代の残がいなのではないか。言葉も、もともとは単一の世界共通語しかなかったと言われており、人類の科学の進歩をわざと遅らせるためにそれぞれの間で言葉が通じないようにされたのが、あの「バベルの塔」の事件だったのかもしれない。各国の言葉に似たような表現や発音があったりするのはそのためなのだろう。以上のような状況こそが、縄文時代の真相ではないかと私は思っている。

## 竜宮・ニライカナイ伝説の主人公は、ルシファーの一派エロヒムだった?

アメリカ大陸の原住民であるアメリカインディアンは、アジア系の顔に似ている。シベリアとアラスカがつながっていたという氷河時代に、彼らは歩いてアメリカ大陸に渡っていったのではないかと言われている。

例えばアメリカインディアンに似た民族には日本人をはじめ、朝鮮民族や中国人、エスキモーたちがいる。いわゆるモンゴロイドと呼ばれる民族である。そのモンゴロイドがアメリカ大陸に原住民として存在すること自体が進化論で行くと不思議である。

そこで考えついたのが移住説なのである。つまり氷河時代に海水面が極端に下がって地続きになったときか、あるいは南北アメリカ大陸とアフリカやヨーロッパなどがまだ分離していなかった時代にまでさかのぼるか、どちらかなのだろう。

いずれにしても、これまでの説では、大陸がまだ一つだった時代はたしか数億年も前のことで、まだ人類が地球上に誕生していなかったと思われている時代なのだ。仮にヒトらしきものがいたとしても、それはまだ進化途上の〝猿〟に近い状態だったことだろう。

それがいかに寒さに強い猿族だったとしても、北緯60度～70度という、聞いただけでも凍てつくような極寒のベーリング海峡（地域）を、か弱いメス猿や年老いた猿、子猿などももちろんいるであろう群れが、決死の覚悟をしてまで他の大陸に渡る必要がどこにあるというのだろうか。

われわれ人類（とくに私はそうだが）は基本的に横着者であり、よほど必要に迫られない限り、大移動などしないのではないだろうか。現在ではそういうことまで遺伝子で解明されているのかもしれないが、人類の始まりの頃は創造者によって与えられていたエリアがあって、大自然に包まれた豊かな楽園のような環境の中にいて、食物には不自由しなかったはずなのだ。

いかに絶対服従させる権限をもったボス猿の命令とはいえ、あてのない極寒の北の方角に家族ごと、あるいは集団ごと移動をするなどはまったく狂気の沙汰である。よくそのような発想ができるものだと感心さえしてしまう。それにそもそも遠く離れている大陸同士のつながりをどのような手段で知ることができたのだろうか。

現在の地球には大きく分類して白人・黒人・黄色人種がいる。つまり東洋を中心とするモンゴロイドと、ヨーロッパに集中するコーカソイド、アフリカに多いニグロイドだ。

聖書にあるアダムとエバが創造された地とされるエデンは、現在のユーフラテス川とチグリス川流域のメソポタミア地方にあったのではないかと言われている。そこは一般的には世界最古の文明があったとされる地域である。その文明の発祥時代は今からおよそ4000〜5000年前とされているが、それはちょうどノアの時代にほぼ対応する。

『真実を告げる書』には「それぞれの人種は、創造の際の元来の場所に配置され、それぞれの動物は、箱舟に保存されていた細胞から再び創造されました」とある。すなわち、ノアの箱舟に乗って危機を免れた何組かのカップルが、洪水の後に地上に戻ってきて再び新しい人間の営みが始まることになるのである。そして人種ごとのカップルが世界の各地に散っていったのだろう。黒人はアフリカへ、白人はヨーロッパへと…。

話は変わるが、G・ハンコック氏の著した『神々の指紋』は、ピリ・レイスが書いたと言われる南極大陸の不思議な地図の話で幕が開ける。その作品がテレビ放映された際、その地図の片隅に作者のサインと思われる〝蛇〟のマークが書かれていたのを私は見逃さなかった。

この〝蛇〟というのは、創造に加わった科学者〝ルシファー〟を長とする一つのグループの名前である。ということは、その中の誰かがこの地図を書いたのではないかと考えられる。つまり、私の推理では、地球の大陸が移動をするほどの打撃を被った後で、まだ氷も堆積してない頃に、上空から南極の地図を書き上げたものではないかと思うのだ。

話はそれたが、「科学的に創造された」という事実を人間たちに教えた(言い換えれば〝科学の書〟を被創造者［人間］たちに教えた)のが〝蛇〟ということになろう。この出来事が聖書では比喩的に〝リンゴの実を食べさせた〟と書かれているわけだが、秘密にしておくという規則を破って人間たちにリンゴの実を食べさせた罰として、その科学者グループは実験が終わった後も地上に残るように仕向けられたということなのだろう。

この事件を地を這う動物の蛇に例えて、科学者グループに〝蛇〟という名前がつけられたのである。現在ではこの蛇は世界各地で神として恐れられたり、崇められたりしているが、当然この蛇たちも、性的欲求をもった人間と同じ姿形をしていたのである。

地球上にはいろんな人種がいるが、とくにユダヤ人の中には広い分野で活躍している、いわゆる天才的な人間が多い。それも蛇の子、つまり創造者たちの血筋を引いている子孫であると言えるだろう。日本では天皇家がそれにあたると考えられる。日本人とユダヤ人の文化には似た点が多く、同祖関係にあるのではないかと研究している人も多い。


このように世界の何ヶ所かには創造者たちの実験場があって、それぞれの実験場で少しずつ違った人間が「創造された」と考えれば、人間のルーツがアフリカであるというのも間違いではないし、南米だったと言っても間違いではないだろう。それこそ日本から誕生した可能性も十分に考えられ、その実験場が琉球にあったと考えられなくもない。

そして実験が終わった後も地上に取り残され、自分たちの星に戻れなかった蛇たちは、進んだ科学にものを言わせて海底に住んでいたということも、十分に考えられるのである。そう考えると、沖縄にある竜宮伝説やニライカナイ伝説の主人公こそが、このルシファーの一派〝蛇チーム〟のエロヒムだったはずで、五穀豊穣をもたらす神々が海の彼方からやってくるという神話や伝説も現実的になってくる。本書のメインテーマになっている海底遺跡の謎も、このあたりに大きな鍵が隠されているような気がしてならない。

## 今こそ、地球空洞説の見直しを！

理由については後述するが、本書をここまで書き上げる段階で、地球の内部構造が空洞ではなかろうかと、ふと思いついた。そこで過去に〝地球空洞説〟を書いた文献があったことを思い出し、古い雑誌から探し出したのが月刊誌『ムー』２２０号だった。

そこには、１９４７年２月、アラスカ基地を出発したアメリカ海軍のバード少尉が「ハイジャンプ」という作戦名で北極探検を行い、飛行機で北極点を通過したときに眼下に広がる光景に度肝を抜かれたと書かれている。

突然真っ白な霧が発生して機体が包み込まれたかと思うと、まったく先が見えない状態になり、高度計はどんどん下がっていった。霧が晴れたときにそこにあったのは、なんと青い湖とうっそうとしたジャングルだった!!　一緒に搭乗していた通信士にもそれは見えており、錯覚ではなかったという。

まったくキツネにつままれたような話であるが、さらにバード少尉はそれから10年後の１９５６年1月に、南極でも似たような体験をしている。少尉の体験と通信記録は封印され、海軍は帰還した少尉を厳重に隔離した。当日のことを記した日記も没収されてしまったという。

ここに書かれているのは現実に起こったことかもしれないが、残念ながらその内容は私のイメージした空洞説とは異なる。しかし、この話とは別に、地球空洞説を唱えはじめた人がいる。それは驚くなかれ、ハレー彗星の発見者として知られるイギリスの天文学者〝エドモンド・ハレー〟であった。

1692年に発表されたハレーの仮説では、地球の地殻は表面を含めて3層あるとする。各層の間には空間が広がっているが、閉じているため、互いの世界を行き交うことはできない。また、中心には、灼熱の球体、つまり地底の太陽が輝いているという。

1767年にはイギリスの著名な数学・物理学者ジョン・レスリーが、ハレーの説を発展継承。地殻は1枚で中はがらんどう、中心の太陽は2個存在すると考えた。

さらに1818年、アメリカの陸軍大佐ジョン・クリープス・シムズは、レスリーとは逆に中心太陽は1個で、その代わりに地殻は5層あり、そのうち最も外側の地殻は他より5倍の厚さがあり、北極と南極には直径約16～32㎞の大穴が開いているとした。

以上のように、はじめに出てくるバード少尉以外にも何人かの著名な人たちが地球空洞説を唱えていたのである。それぞれの説には食い違いこそ見られるが、私も単純に地球のことを考えたときに彼らと似たことを思いついたわけである。

遠い遠い昔の宇宙に〝地球〟という惑星が生まれようとしているときのことをイメージしてみたのである。とてつもなく広大な宇宙空間に散らばっていた原子（チリ）が、なんらかの影響で集合を始め、ガス状の星ができあがろうとしているところを。

フラクタル理論でも言われることだが、無限に大きいものと無限に小さいものの構造は同じであり、宇宙のチリが集合を始めると渦巻状のエネルギーが発生すると考えられる。地球がまだガス状だった時代から、この銀河が回転しているのと同じように回転していたということは十分考えられるのだ。

ガス状だった地球が現在の地球と同じような速度で自転を続けていたのであれば、当然そこには遠心力が働くはずである。フラクタル理論と同じ意味をもつ「大は小なり」という言葉があるが、回転する物体は遠心力によって中央部分の圧力が下がってくる。

洗濯中の水や脱水機の中の洗濯物を見ても同じようなことが起こっているし、乾燥機の中の洗濯物を見ても引力に逆らって真ん中が空間になっているのが確認できる。つまり引力の法則、重力に反して遠心力が働いていると考えられるのだ。

これは素人のまったく単純な発想かもしれないが、人工衛星からとらえた台風の映像にしても、中央部分には雲がなくなっているのが分かる。回転する物質、とくに液体や気体の場合には中心部分の物質が外へと押しやられると考えられる。つまり、地球がまだガスの状態だったときから内部が空洞だった可能性は十分に考えられるのである。

地球の始まりの頃には宇宙のはるか彼方に散らばっていた原子（チリ）が、あるエネルギーの力で一ヶ所に集まり、一つあるいは複数の星が誕生する。太陽系の地球もまさしくその例に漏れてはいなかったとは考えられないだろうか。

同じ太陽系の木星などは未だにガス（原子）の集合体のような星だと考えられているが、その原子の巨大な塊である星のチリが、自発的に融合を始めて島や大陸のようなものを星の表面に作り上げていくことなどはたしてできるのだろうか。物質は原子のレベルでは安定化に向かう性質をもっているはずで、自発的に活発な活動を始めることなど考えられないのだ。

ちなみに直径が１万km以上もある地球の中心部は、半径が５０００kmとして計算しても、単純に10ｍで１気圧加わる水圧を基準にして考えた場合に地球の中心はおよそ50万気圧となり、ボイル─シャルルの法則を適用すると、その圧力からだけでもおよそ７０００度はあると考えられる。つまり圧力が上昇すれば、当然温度も上昇するという理屈である。

従って、マグマの分布する地層よりも深層には当然マグマよりも圧力も比重も温度も高い物質が存在すると考えられる。すると、どうしても〝核〟のようなとてつもないエネルギーが思いつくはずであり、多くの人はそれに納得するはずである。

しかし地球内部の空洞説は、内容こそそれぞれで異なるものの、過去から複数の著名人たちによって叫ばれてきたことである。これまで常識とされてきたことをうのみにしないで、今一度再検討してみる価値はあるのではないだろうか。

## 巨大なクレーターを開けた後で消えてしまった隕石の謎

アメリカのアリゾナ砂漠に、通称アリゾナ・クレーターと言われる隕石孔がある。巨大隕石が地球に激突した跡だ。これはだいたい5万年から2万5000年前にできたものとされ、隕石孔としては最も新しいものである。雨や生物による侵食も少なく、いかにもクレーターらしいきれいな形を保っている。

鉱山師のバリンジャーは、この孔の底には必ず巨大な鉄のかたまりが埋まっているはずだと考えてこのクレーターを買い取った。この鉄隕石を掘り出して鉄鉱石として売ることを考えついたのである。そして20年もの間、ボーリングを試みたが、鉄は発見されなかったという。

クレーターの底からは砂岩や石灰岩しか出なかったらしい。直径1200mという巨大なクレーターを開けた物質は、いったいどこへ消えてしまったのだろうか。

以上の内容が記された『世界の謎と不思議』（平川陽一著・日東書院）という本は偶然に見つけたものであるが、消えた隕石の話もさることながら、20年間も鉄隕石が残っていることを信じて掘り続けたバリンジャーの執念も凄いものがある。もしかして、これは先の地球空洞説が的を射ていたことを示すのではないだろうか。つまり、地球の内部にまで到達してしまったのではないかとは考えられないだろうか。

消えた隕石にも興味はあったが、アリゾナ州の砂漠の隕石孔から砂岩や石灰岩が出たという話も私には興味深いものだった。たしかにアメリカ大陸は、分離したプレートに乗ってかなりの距離を移動し、そのときに大規模な褶曲作用が起こって巨大な山脈が形成されたはずである。だとすると、ヒマラヤの頂上付近に存在する石灰岩のように昔アリゾナは海の底だったのだろうか。

## 「創造」説を次々と裏付けてくれる聖書

今からおよそ2500０年前の地球は、静かで安らかで表面を濃い霧状のガスが包み込むように回転を続けていたのであろう。ちょうどその状態だった頃の地球に、他の惑星から「生命の創造」という実験を行うために飛来してきたのが〝エロヒム（創造者）〟である。

ちなみに聖書の原典であるヘブライ語で書かれた聖書には〝ＥＬＯＨＩＭ（エロヒム）〟

と書かれてあるのであって、〝神（God）〟とは書かれていない。エロヒムとは「天空より飛来した人々」という意味の言葉で、複数形なのである。

つまり、聖書の初めに書かれている

『地は形がなく、何もなかった。やみが大いなる水の上にあり、神の霊は水の上を動いていた』（創世記1—2）

という表現は、現在の木星のように地球の表面全体がまだ濃い霧状のガスに包まれていた頃のことを言っているのではないかという気がする。そして次に

『そのとき、神が「光よ。あれ」と仰せられた。すると光ができた』（創世記1—3）

とある。これは、地表の水の上を包み込んでいたガスが科学的に除去されたときの情景だと思われる。つまり、地表に太陽光線が注ぎはじめた頃であろう。そして、

『神はその光をよしと見られた…』（創世記1—4）

と続く。太陽光線がこの後に始まる生命創造という実験にとって有害かどうかを調べることが重要だったという事情が伺える表現である。現在の宇宙飛行士たちが月や火星に挑戦するときにも最初にその星の大気の成分を調べるが、それとよく似た状況だ。

ここで「大陸の創造」に関して、どこもほぼ同じ水深だった海底を、強力な爆発を起こして盛り上げたと説明している。

このときの大爆発の時代こそが、安静だったはずの地球が突然活発に活動を起こしはじめた火山の時代なのではないかと思われる。このようにして最初の大陸〝パンゲア〟は産声を上げたのであろう（このあたりは『真実を告げる書』を参考にさせていただいた）。

聖書では三日目にこのように大地が創られるわけだが、この出来事が起こったのは今からおよそ2万年前である。それを数千万年前とか数百万年前という結果を示す化石や岩石などの年代測定のあり方にも大いに疑問が残る。

数千万年前とか数百万年前にはまだ生命の「創造」は行われていないはずで、生物化石を含まない地質・地層などは単純に比較的古いと考えられる。つまり、沖縄本島北部や名護層が主体の慶良間諸島などは古い地層で、生物の化石を多く含む石灰岩層でできている島々は、比較的後半に「創造された」と考えられるわけである。

ここで聖書の説明を続けてもきりがないが、地球外の知的生命体が地球に飛来してきて地球に注いでいる光線や海水の成分などを調べ、大陸を「創造し」、次にあらゆる生命の「創造をした」ということが聖書の第一章では書かれていると解釈できるのである。

## 創造者はその土地（島）ごとの生態系を考慮し、固有種を置いてくれた？

私にいつも不思議な話をしてくれる比嘉芳子さんは、沖縄本島も慶良間も久米島も宮古島も全部つながっているということを話してくれたことがある。

たしかに海底数百mレベルまで行けばみんなつながっているはずだが、もちろんそういう意味ではない。最初に書いた辺戸の御嶽と宮古の大神島がつながっているとか、どこそこの井戸とどこの御嶽はつながっているというふうに、細かい場所までずばりと言うのである。

これは波動のようなものが伝わるルートなのか、それとも水脈とかトンネルのようなものを指しているのかは分からないが、最近になってなんとなくその言葉の意味が分かりかけてきたような気がする。

それは、孤立した単独の島であれ、多くの島が集中している諸島であれ、人間の顔がすべて異なるように、島々にもそれぞれ顔があって個性があるということが、つながっているということなのではないだろうか。つまり、すべて関連しあっているという考え方だ。

そして小さな島の高地などにも湧水場があることの不思議を考えたら、別の島の高地の水場からサイフォンの原理のようなもの、つまり地下水道のような地底構造が実際に存在するのではないかと思わざるをえない。霊能者の言う言葉は理解に苦しむことが多いが、琉球列島をグローバルな視野で見つめたときには自然にそのような考え方も起こってくる。

前述したように、赤土や黒土が神々によって島に巻き落とされたという神話もあるが、これらの土は色が異なるということを意味しているだけではない。その土の中にはいろんな成分が含まれているということである。「創造された」すべての種が生きられるように、多くの種の作物を作れる環境をわれわれ人間に与えてくれたのだろう。

創造者（エロヒム）はその土地（島）ごとの生態系を考慮し、固有種を置いてくれたのではないだろうか。例えばパインの生産できる石垣島や沖縄本島北部などにはその成分を含む土壌を、また宮古島にはパインこそ作れないが別の作物が採れるようにと考えて、アルカリ性の土壌を与えてくれたのではないだろうか。比嘉さんは天人たちが行動を起こした場所を御嶽と言っているが、島々の御嶽には、その島の「創造」に関わった神々が祀られていると思われてならない。

このようにして島々が「創造された」と考えれば、地層は風化や侵食によって何百万年もかけて堆積したものではなく、極端かもしれないが、神話にあるように「たった一晩でできた」と言ってもいいくらいに短い時間で急激に堆積した可能性も人いにある。

米国・ミネソタ大学のヘンリー・M・モリス博士は、地層は一時代に急速に形成されたと考えるべきであると述べていたが、このように学者にもいろいろ異なった意見を述べる人がいる。ということは、これまでの説に対して疑問を抱いている人も確実にいるということである。彼らはその分野では数少ない〝百匹目の猿〟なのかもしれない。

これまで何度も不思議な地形や不整合のことを書いてきたが、琉球列島の島々の海岸線に見られるノッチには、隆起や沈降の形跡がまったく見られないのである。つまり、ほとんどすべての島々は時を同じくして短期間に誕生したものとも考えられるのである。

## 粘土が巨石文明の謎を解く？

個人的な調査は現在でも続けているが、海底遺跡の不思議な地形から始まって、海岸線の不思議な地形、石灰岩や化石、空洞の鍾乳石、垂直に開いた鍾乳洞、土や粘土の存在、さらに生物の進化に関してなど、疑問は次々と分野を越えて広がっていった。

いずれの分野においてもまったく素人の私であるが、専門家の学者にはない素晴らしいものが私にはあることに気がついた。自分で言うのもおこがましいが、それは、これらすべての分野にたった一人でチャレンジしているということだ。それに、思いついたことがあれば速攻で望むことのできる機動力があることである。

学者たちは自分の得意とする専門分野から外れてしまえば「それは分野が違うから…」という逃げ口上をよく使うが、分野が違っていても真理は一つのはずだ。分野間で食い違いが発生しても、それほど気にしていないところが見うけられる気がする。

そして、何の調査に関してもいえることだが、まず費用がかかる。その予算の都合がつかない限り動こうとしない学者も多いはずである。琉球列島の場合は島から島へと移動をするだけでも結構な費用がかかってくるのは間違いないが、その調査をすることが収入を得るための一つの手段となっている学者も少なくないはずなのだ。

本当に好きでやる気があるなら、お金がなくても天気が悪くても、たった一人でも出向いていけるはずだ。近くの小さな島だけでも十分得るものはあるはずだし、〝ゲンチャリ〟が一台あれば行動範囲はかなり広がる。逆にいえば小さい島でこそ大きな発見があるかもしれないのだ。

話はずいぶんそれてしまったが、このようにいろんなことを調べながら前に進むというのはなかなか難しい。その中でも現在興味をもってあたっているのが〝粘土〟の存在とその役割である。なぜなら、これまで調査のために入ったことのある鍾乳洞の中には必ずといっていいほど粘土が堆積しているからだ。

石灰岩の中に粘土の層などが見られるのも不思議だが、コンクリートを固めるセメントの中にも粘土が使われていることを聞いて、さらに驚いている。科学的な根拠は何もないので、実際にはお手上げ状態なのであるが、それでも粘土が多くの岩石と密接な関わりがありそうな気がしてならないのである。

なぜ前置きが長くなってしまったのかというと、これまでに調べてきた参考書のほとんどは、先述したように「何々の〝風化〟によって粘土ができた」としか書かれていないからである。こうなると頼れるものがなくなってしまい、自分の体で動くしかなくなってくるのだ。

今はまだあやふやな空想に留まっている段階だが、この粘土が多くの種類の岩石と関わりをもっているならば、世界各地で使われている巨石文明の遺構の謎も解けてきそうな気がする。

例えば、南米マヤの巨石の石積みなどは、粘土と小石が混ぜられて、完全に固まってしまう前に積みあげておけば、自重によって隙間もなくなるだろう。そして完全に固まる直前に表面の仕上げ加工がなされ、最後に焼き付けされて石になったものだと考えられなくもない。

巨石を持ちあげるときには科学力による浮揚のエネルギーが使われたことだろう。この浮揚の技術が使えれば、エジプトのピラミッドやスフィンクスにしても、あらかじめ設計されたとおりに削られた石を一駒ずつ浮かせて運べば、複雑な内部構造でも簡単に組み立てることが可能になってくる。

ちなみにBC27000年頃に造られたといわれているエジプトのピラミッドには、巨大な石と石を固く結びつけるために、焼いた石膏にナイル川の土を混ぜたものが接合剤として使用されていたという。

オーストラリアの砂漠の真ん中にあるエアーズロックがいったいどのようにしてできたか、なかなか説得力のある説は聞かれないが、赤土をどこからか集めてきて盛り上げ、最後に外部から熱を加えれば岩山はできあがるはずである。しかし、その赤土を固めるために粘土が混ざっている可能性も考えられるし、もしエロヒムによって創られた地形ならば、内部が複雑極まりない構造になっていることも考えられる。

アボリジニたちにとってエアーズロックは聖なる岩である。ある文化人類学者はアボリジニから聞いた話として、その聖なる岩〝宇宙の石〟が、琉球のどこかにあるはずだと彼らが信じている話を紹介している。その岩の内部か近くには必ず洞穴があるともいう。〝エアーズロック〟も〝宇宙の石〟だといわれている。

## 石灰岩は創造者が創ったコンクリート

私はこれまでの調査を通して、島々は「創られた」という観点から見てきた。それはとくに石灰岩には不思議な点が多く、「何度も沈降と浮上を繰り返した結果として岩化し、かつ複雑極まりない地形に侵食された」というこれまでの説に納得ができなかったからである。

石灰岩には異物などが含まれていることも多く、われわれが現在使っているコンクリート技法のように、骨材として様々な種類の石などが使われたのではないかと考えるだけで、これまで各地で〝不整合〟として取り上げられてきた異種石混入の謎がクリアーできる。

しかし、比較的身近に見ることができるコンクリートにしても、なぜ固まるのかについては関係者であっても詳しく説明できる人は少ないのである。私は沖縄本島にある琉球セメント会社の技師にそのことを教えてもらった。そこで頂いたのが『楽しく学ぶセメント・コンクリート』（社団法人・セメント協会）という本である。その本には私を感動させてくれるようなことが書かれてあった。以下、要約する。


まず、コンクリートは英語ではconcreteと書く。この綴りはconとcreteの2つの言葉からなっていて、conは「異なったものが集まって一つになる」、creteは「新しいものを作る」という意味である。つまりconcreteとは創造（creation）という意味にきわめて近いのである。英和辞典でセメントの項をひくと「物と物を接合させる」という訳がのっている。とすると、石灰岩はまさしくコンクリート（concrete）と言えるだろう。

驚くことにコンクリートの歴史は古く、中国の西安に近い大地湾地方で約5000年前の住居跡が見つかっているが、ここの床に使用されているコンクリートには不純物の混じった石灰石を焼いて作ったセメントが用いられていたという。

また、今から約9000年前の新石器時代にさかのぼるが、イスラエル・ガリラヤ地方のイフタフから見つかった住居跡の床と壁には、現在の高強度コンクリートに匹敵するものが使われていたことが分かっているという。このように今からおよそ5000年～9000年前にはすでに、現在のセメントに近いものがすでに使用されていたという。驚くべき話だが、これなども、過去の文明が現在よりも進んでいたことを示す物証になろう。

セメントの原料になる古石灰石は最古の部類に属する岩石と言われている。

太古の地球を取り巻いていた大気が、現在のおよそ20万倍も多い二酸化炭素で覆われていたことを考えれば、海水中にもかなりの二酸化炭素が溶け込んでいたと考えられる。〝金〟が海水中からも取れるように、多量の二酸化炭素が石灰石として封じ込められたのではないだろうか。そのように考えれば、最古の部類に属する岩石〝古石灰岩〟が生物の化石を含んでいないのもうなずける。

また、地球上で最初の頃に誕生した生物は、ストロマトライト（ラン藻）と呼ばれるバクテリアの一種である。オーストラリア西海岸のハメリンプールの浅い海では現在でも見られるが、ストロマトライトは地球上に初めて酸素をもたらした生きものだと言われている。つまり、海中の二酸化炭素を吸収して酸素を大気に放出する生物である。

聖書でも炭酸同化作用をする植物が先に「創造され」、酸素を必要とする動物たちが後で

「創造されている」のを見ても分かる通り、聖書はそのあたりのことをきちんとふまえて記述されている。実際にも、大気の成分を変える役割をもった生物たちが最初に「創造された」のであろう。

地球上に炭酸同化作用の役割をになった生物たちが現れたときにはすでに、消化しきれないほどの二酸化炭素が存在していたのだろうか。後に「創造されて」誕生してくる生物たちにとっては不要な二酸化炭素は固形物（石灰岩）として封じ込められ、最も古い岩石として残されたのではないだろうか。その石灰岩が現在ではセメントの原料として産出されているとは考えられないだろうか。

このようにして人間はセメントを作り出して利用してきたが、古事記の中の神々によって島々が「創造される」くだりや、冷えて固まったなどという表現は、主に海底の石灰物質（サンゴや貝）などを原料にして、他の種類の岩なども一緒にかき混ぜて「創造した」ということなのであろう。それらが異物として、石灰岩の中から顔を見せているのではないだろうか。

特殊な能力で「創造」論を語る比嘉芳子さんは、天人《アマンチュ》たちが島を「創る」ときの情景を、水蒸気のようなものが使われていると表現する。

どのように使われたのかまでは聞かなかったが、かき混ぜるときに水蒸気のような装置が使われたようだ。そのことを古事記では「沼矛《ぬぼこ》の先」と表現しているのではないだろうか。

たしかに水蒸気は使い方によっては物凄い圧力が得られる。さらに高圧と高熱が生成過程の石灰岩に加われば、石灰岩特有と言われる水晶にも似た方解石（カルサイト）のように形が変化することも大いに考えられる。この化学変化は他の宝石類にも同じように起きる。炭素が高圧と高熱を受けてダイヤモンドができあがるのと同じ原理である。

多くの岩石には異質の物質が筋状になって入っているのがよく見受けられるが、それは同じ物質が熱と圧力で変化した跡と考えられる。石灰岩の隙間などに方解石が含まれているのも合点がいく。

## 同一地層内に岩とジャンカが同居する謎

コンクリートの打ち込み状態が悪いものを〝ジャンカ〟と言うようだが、同じ石灰岩でも直接波の影響を受ける断崖絶壁などの島の周囲（表面）は、波や太陽光線の影響にも耐えられるように上質でしかも硬い岩質になっている。それに対してその内側はジャンカそのもので、手で触るだけでもボロボロに崩れてしまうほど雑な感じに「創られている」のである。

これは伊良部島の断崖の海面に口を開けている、5ヶ所ほどある洞窟のすべてで確認できることであり、まず間違いないだろう。島の内部は降水が浸透できるように、スポンジのように雑に「創られる」必要があったのかもしれない。

外壁（表面）は方解石のように硬く、内側の奥の方は土に近い地質になっている。人間の体に例えると、実際には誕生日は同じなのに、姿形が異なるためにお腹と背中の誕生日が異なるようなものである。明らかに同一時代にできた地層なのに、ジャンカのような層と岩に近い硬い層が一つの洞窟に同居しているということは、それぞれの役割があるからであろう。なお、このような地形は海岸近くの洞窟などにはよく見られるのだ。

ちなみに学者は方解石について、「造礁サンゴの骨格は、生きているうちはアラレ石であるが、数万年～十万年単位の時間がたつと、より安定的な方解石に変わる。方解石に変わる速さはサンゴがおかれた状況によって異なる」と説明しているが、方解石のどこが安定的なのかがよく分からないし、時間だけで変化するとも考えられない。これはいずれも現場を歩いていない人の机上の論理でしかないと思ってしまうような言葉である。

## 水蒸気とマグマ

１９５３年、生命の起源に関する有名な実験が、アメリカのＳ・ミラーによって行われた。その実験とは、メタンガス、アンモニアガス、水蒸気、水素ガスなどの気体を混ぜ合わせて、これに放電を続けたところ、数日後にはアミノ酸や脂肪酸が合成されたというものである。ロシアでも追試が行われ、この実験結果が正しかったことが認められている。

この実験は、無機物の中から生命にとって基本的な有機物が合成されたわけで、生命の起源について研究している人々の間で大反響を巻き起こしたという。

大陸が「創造された」ことは聖書の証明のところでも書いたが、海底の物質はどのような手段で盛り上げたのだろうか。それまでは静かな眠りの中にいた地球が、ある時期を境に突然火山時代を迎えているわけだから、その原因は当然ながら〝火山〟としか考えられない。

マグマと言うと普通の人はドロドロに溶けた溶岩のようなものを想像するだろうが、噴火口から噴出してくるのは大部分が水蒸気だと言われている。いかに地底に噴火準備の整ったマグマが存在しても、水脈とマグマの接触がない限り、噴き出すエネルギーは生まれてこないと考えられる。

アミノ酸や脂肪酸が合成されるのは水蒸気と関係があり、また大地の「創造」に不可欠な火山噴火のエネルギーにも水蒸気が必要となれば、これまで地下深くで育まれ、自然発生したと考えられてきたマグマと火山の関係も、創造者たちによってしかけられたのではないかと疑ってみたくもなる。

ちなみに火山の近くに湖があり、湖の近くに温泉地が多いのも、その点とまんざら無関係ではなさそうで、北海道の地図を見るだけでもそのことはよく分かる。

東部の摩周湖や阿寒湖、屈斜路湖などを含む阿寒国立公園地帯には温泉マークがたくさん見られるし、西部でも昭和新山のある洞爺湖や支笏湖の周辺、支笏洞爺国立公園一帯が温泉地に囲まれているのが分かる。また、富士山も富士五湖に包み込まれている。これらは単なる偶然と言えるだろうか。

一方、琉球列島にはほとんど火口が存在しないはずなのに、火山岩が分布する場所がある。これらは学術的には説明がつけられない、いわゆる不整合地帯なのである。先述した〝地球空洞説〟を考えるようになったのも、このあたりが一つのヒントになっている。

これも空想の枠内であるが、マグマが創造者たちによって仕掛けられたものとすると、それより深層にある超高熱の〝外核〟や〝内核〟と呼ばれている存在についても、疑問になってくるからである。

そこで、火山の分布を示している世界地図を広げてみると、環太平洋に集中しているのが一目瞭然となる。しかしこのことは、プレートテクトニクス理論で言われているように、元の大陸の姿に戻してみたら環太平洋ではなくなり、環パンゲア大陸という形になるはずである。この事実も偶然の産物として片づけるべきだと言うのだろうか。

聖書の創世記の二日目には、
『こうして神は、大空を造り、大空の下にある水と、大空の上にある水とを区別された。するとそのようになった』（創世記1―7）
と書かれてあるが、三日目のはじめには
『神は「天の下の水は一所に集まれ。かわいたところが現れよ」と仰せられた』（創世記1―9）
とある。
乾いた所とは陸のことで、三日目、つまりエロヒムが地球に飛来して5000年～6000年頃に陸が「創造された」ときの表現にもとれる。大空の上と下の水を分けたというのは、火山の噴出によって噴き上げられる水蒸気（雲）のことであろう。
このように考えれば、大陸ができあがるのと火山の噴火時代とがまさしくリンクしてくるし、水蒸気は蒸発して気体に変わったとしても、水の分子のままで存在する性質があり、水が空気になることは化学変化を起こさない限りできないと言われている。
つまり、何年たっても空気は空気で、水蒸気は水蒸気だということであり、上と下の水とは海水と空の雲ということではないだろうか。水蒸気とは生物が生きていくためには絶対に不可欠な〝水〟のことでもあるだろう。

## 久米島の不整合地形の謎の数々が「創造」説で氷解する

「不思議な地形をした海底遺跡」というキーワードから始まった一つの謎解きの旅は、地形や地質や進化論や聖書などの分野にまで関連し、さらには生命の秘密や琉球列島の島々にまで及び、「創造」という一つの仮説を誕生させた。

琉球列島の火山島といえば、たしか沖縄県に属する硫黄鳥島がそうだったはずである。他の記録によると1924年に西表島の近海で海底火山が噴火したことが確認されているが、それ以外の島には火山は存在しないはずである。しかし、久米島や粟国島には火山岩があるし、沖縄本島でも北部辺りには分布しているようである。そうしたものが現にあるにもかかわらず、琉球列島の地底や海底の火山帯については明らかにされていないのはなぜだろうか。

私の知っている火山岩で代表的なものに、これまで何度も書いたが久米島の観光名所にもなっている〝畳石〟がある。その表面は亀の甲羅の模様とよく似ているが、火山の噴火によって流れ出た溶岩が海水で急速に冷やされ、このような特有の地形や構造ができあがるといわれている。

ある文献には「久米島の畳石は溶岩特有の柱状節理を持ち、その長さは一枚の平面積と比

久米島の畳石。この２枚の写真のように模様にはいろいろなパターンがある。

例するため、短くても10m～100mはあるだろう」と書かれているが、表層のめくれたところの厚さはたった70㎝程しかないのである。これは柱状というより将棋の駒状節理といった方がいいような形の岩なのである。これでも溶岩特有なのだろうか。

別の文献では「奥武島の畳石は、地下でマグマが冷えるときに体積がちぢみ、六角柱に近いヒビが入ったもので、ここでは上下にのびる柱の水平断面が見えている。こうしたヒビ割れを柱状節理と呼ぶ。柱がかなり太いので、比較的ゆっくり冷えたものと思われる」とある。これは、同じ地質学者がそれぞれの意見を述べたものである。早く冷やされたり、ゆっくり冷やされたりしている。

いずれもその形を五角や六角の柱状節理だといっているが、一見同じように見えるそれらの模様は、おおむね七つのタイプに分かれ、同じ形のものが二つとないのである。一段目と二段目の石の隙間に小さな小石が挟まれたりしており、皆さんには信じられないかもしれないが、平面的に積み上げられた人工構造物とも考えられるのである。

細かいことは置いておいて、このように火山が確認されていない島に火山岩が分布しているのはなんとも不自然である。しかし別に火山はなくてもマグマに近い高熱と高圧力が得られる水蒸気があれば、様々な岩石ができあがるのではないだろうか。

現在では人工的にダイヤモンドのような宝石が作られるようになってきているが、という

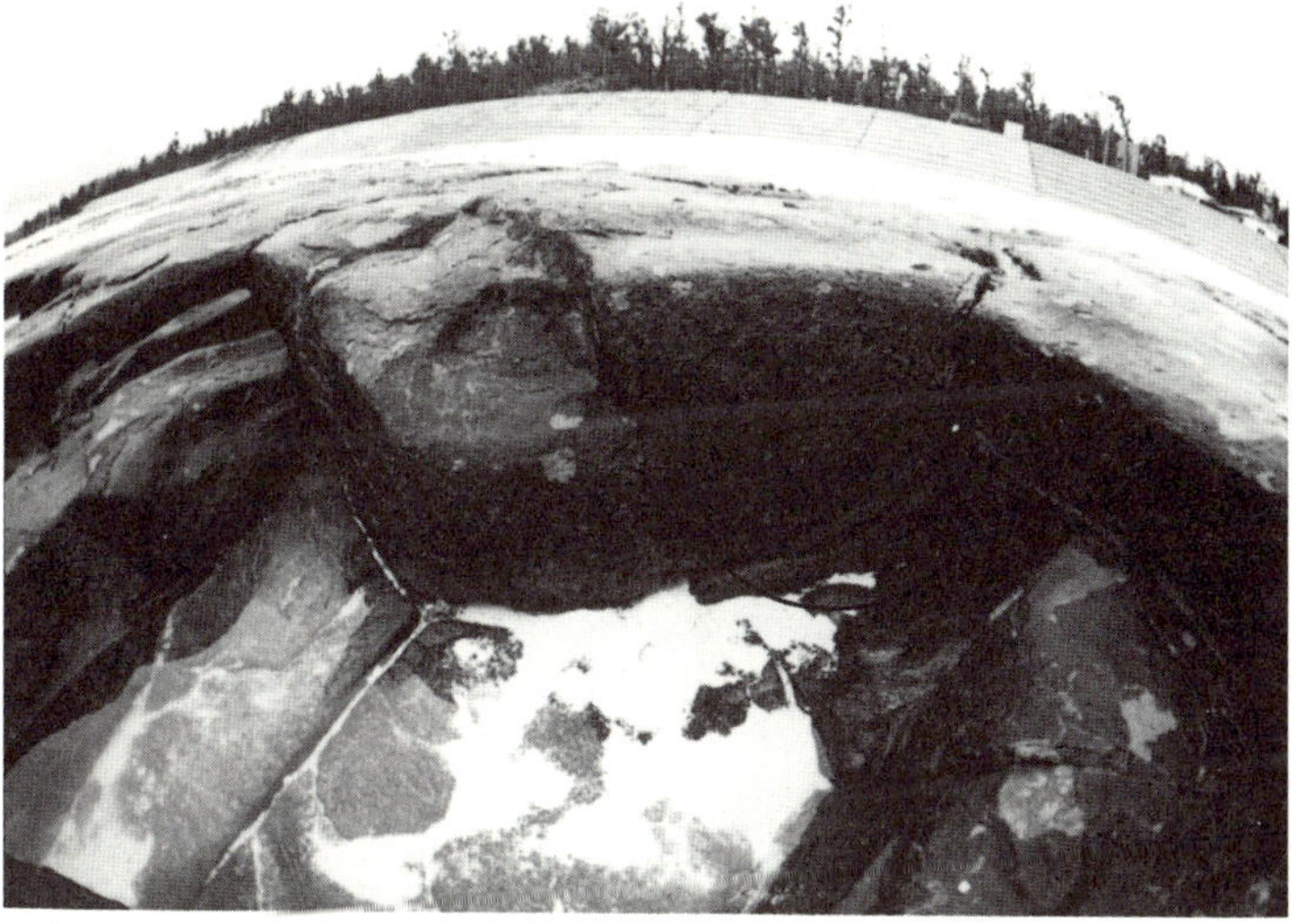

中央少し右上（○印）に小石がはさまっているのが見えるだろうか。

ことは、人工宝石が作られるような自然環境があれば、天然の宝石が作りあげられるとも考えられるわけだ。そこには水蒸気による高圧力とマグマのような高温が関わっていたことが考えられる。

これまで、石灰岩や遺跡に使われている巨石などにも柔らかい時期があったのではないかと書いてきたが、セメントを製造するときに粘土も混ぜるように、石灰岩の中にも粘土のような黒っぽい表面の岩肌がよく見られるのだ。

はじめに書いた、辺戸の御嶽にあった古生代の石灰岩の表面に薄くはりついたような琉球石灰岩の不思議も、吹き付け塗装のような原理だと考えれば納得できる。つまりミニチュアの火山活動と同じような条件の工場（設備）があれば、それも可能なはずである。

今考えれば辺戸御嶽にある二つの穴には、火口と同じような役割があったのではないだろうか。そこから水蒸気が吹き出るためには海（水）と通じていなければならないが、実際にも宜名真の海底鍾乳洞のある場所はそれほど離れてはいないのである。

これは余談であり、皆さんが信じるかどうかは分からないが、霊能者の比嘉芳子さんは、久米島のノッチが二段に確認できる岩（Wノッチ）の写真を見て、次のような発言をした。

「久米島は神々が、地質やいろんな種類の岩石などの科学実験をしたところだという」

二段三段についた痕は、その岩の周辺でいろんな岩石を実験的に創造したときに残されたものだというのである。先述した多様な顔をもつ奥武島の畳石があることも関連するという。その奥武島の北東側には畳石と同じ模様をした畳石モドキも見られるが、泥岩のような状態のままでとても溶岩といえるものではない。

比嘉さんのいう言葉も「創造」説である。その説を採用するならば、同じ奥武島の裏側（北）に畳石とは年代の異なるはずの石灰岩の島が存在し、現在の海水面には島の浮沈がなかったことを語る〝ノッチ〟が確認できるのもうなずける。なお、言葉の由来は分からないが、その島を〝イチュンザ〟という。

以上述べてきたように久米島は、鍾乳石の塔が高くそびえ立つガラサ山をはじめ、Wノッチ岩や美しいSノッチ岩、海底鍾乳洞、赤土層、畳石、未完成畳石、イチュンザ島、そして火山岩などと、学者泣かせの不整合地質のオンパレードなのである。

しかし繰り返すが、「創造」説であれば、すべての島の不整合地形の説明がついてしまうのである。

## 慶良間の〝ＵＦＯポイント〟

これまでに未確認飛行物体（ＵＦＯ）を何回見ただろうか。たしか99年の8月9日までに

6回見たはずが、それらはまさしく不思議な光で、飛行機や流れ星や人工衛星では決してない。明らかにそれらとは別の飛行物体なのである。それまでは一度も見たことがなかったのに、慶良間の海底遺跡の調査が始まった年の夏からなぜか、夜空に不思議な光る物体を目撃するようになったのである。

何度か見た中で、最後に見たUFOにはすごく感動した。場所は広島県の北西部にあたる吉和村という山村で、夕陽が沈んだ直後の午後7時過ぎ、吉和村にあるモミノキ森林公園から旅館に帰る途中の山道だった。

私は助手席で背もたれを深めに倒していたので視線は空にあった。すると夕陽に照らされた茜色の空に、金星ほどの輝きをもつ星が突然出現したのである！

「止まれ、止まれ、止まれっ、UFOや、UFOや」と叫んで車を止めさせると、乗っていた3人はすぐさま車から降りて空を見上げた。

空に見える物体の大きさを表現するのはとても難しいが、いつも見ている月のサイズと同じくらいと思っていただければいいだろう。おそらくUFOの窓明かりだったのだろう、その中に金星ほどの明かりが5～6個並んで見えた。結構迫力を感じる光だった。その光は若干上向きの弧を描いていたが、物体の輪郭はその明るい光に消されて見えなかった。

私たち3人は、ほとんど動かないその光をジーっと眺めていた。遠ざかっているような感じはしないが、徐々に小さくなっていく感じがた。そして、消えてしまうかと思った頃に、位置を変えてまた元のサイズで現れた！

われわれ3人はまたその光を見つめはじめた。光は先ほどと同じようにほとんど動かないが、徐々に小さくなっていくのが分かる。すると今度は、その光がまだ消えないうちに、別の位置でも同じ光を放つ物体が出現した！　われわれ3人は歓喜した。

ところがそれでも終わらなかった。さらにまた別の方角にも同じ明かりが出現したのである！　さすがのわれわれもパニックに近い状態になった。時間も長かったせいか、その光はとてもたくさん出現したように感じたが、3人で確認しあった結果、4つだったということに落ち着いた。その4つは大きな菱形を描くように出現した。

ふだんの5分間はとても短いかもしれないが、空の不思議な物体を眺め続けている5分間はかなり長く感じられた。その最後の光が見えなくなってしまう頃に通りかかった車が止まり、何事かという表情で2人のカップルが降りてきた。しかし、彼らにはもう見えなかったようだ。

しかし話は翌日に続くのである。

このカップルもわれわれと同じ目的で広島に来ていた人たちで、旅館が偶然同じで、翌日も顔を合わせた。外国人だったが、女性の方が私のところに近づいてきて話しかけてきた。彼女は右腕上腕部の4つの白っぽい斑点のようなものを見せると言った。

「UFOが現れる前にはいつもこのような斑点が現れるの」

それを見た私は唖然とした。その4つの斑点の形こそ、昨夜見た4つのUFOと同じ形だったからだ。そのことを彼女に伝えると、目撃できなかったことをとても残念がっていたが、このような重層的な偶然があることに、お互い驚きを隠し切れなかった。

彼女の上腕部に現れた4つの斑点の形も、私たちが見た4つのUFOも、ほんの少しだけ見る角度を変えればクロス（十字）にも見える。

当時、十字といえば、〝グランドクロス〟という太陽を含む太陽系の惑星たちが十字型に並ぶ話が話題になっていた。その世紀のショーが展開されるわずか2日前に、4つのUFOが〝グランドクロス〟を描き出すのをわれわれは見たわけである。

比嘉芳子さんの言葉を借りれば、十字（クロス）には〝悪を封じ込める〟という意味があるという。比嘉さんによると、〝悪〟（の世）とは、戦争の絶えない人間同士の争いや、大切な自然や環境などを破壊してきたこれまでの時代のことを指しているという。これまでのような時代の終焉を意味するものだと彼女は言うのである。

逆に惑星直列――こちらは直線（—）なわけだが――には〝人の世〟の意味があるといい、新しい時代の到来を意味するものだと比嘉さんは言う。世界的な平和の達成と、自然や環境に対する破壊性をコントロールできるような時代が来るということなのだろうか。それとも他の意味があるというのだろうか。

これまでの地形の話から、何でいきなりＵＦＯの話に飛ぶのかと不思議に思う方もいるだろうが、初めに書いた慶良間の海底遺跡のポイントを〝ＵＦＯポイント〟と呼んでいた阿嘉島の川井氏は、そこでＵＦＯを何度も見ていると言う。エロヒムによって科学的に「創造された」人間第1号が誕生したという、四月第一日曜日という重要な意味のある日に、初めて来沖した私がそのＵＦＯポイントを発見することになったのも、単なる偶然とは考えられないのである。

## 12番惑星・ヤハウェの秘密

昔から、太陽系の惑星に関してこんな噂がある。

…太陽を挟んだ反対側に、地球と同じ速度で公転する地球そっくりの惑星「反地球」が存在する。太陽までの距離が地球とほぼ同じで、その惑星には生物が存在する。いや、そればかりか、人類のような高等動物まで存在する…

…この惑星の名は「ヤハウェ」…

…実際に見たのはNASAしかいない。アメリカ航空宇宙局である。…
…NASAはその存在を確認していながら嘘をついている。…としたら…

この太陽系の「12番惑星・ヤハウェ」の話は、何年か前の雑誌「ムー」に掲載されていたのを覚えているが、何をいまさらと言う人もいるだろう。しかし、私が広島で見た4つのUFOはいかにも意味ありげであり、しかもそれはグランドクロスが起こるとされていた日の直前の出来事だったのだ。

比嘉芳子さんから「十字（クロス）は〝悪を封じ込める〟という意味がある」と聞いていたので、グランドクロスというのはエロヒムによって〝最後の審判〟が始められることを示す合図だったのではないかと思い続けていた。

しかし、本書も仕上げに差し掛かってきた今になって、ふと、この12番惑星「ヤハウェ」のことを思い出したわけだ。

『真実を告げる書』には最後の審判のことも書かれているが、地球から比較的近いところに自分たち（エロヒム）の基地があることをほのめかしている。私はその基地こそが「月」だったのではないかと思っていたが、12番惑星はエロヒムの最高議長である〝ヤハウェ〟と同じ名前が使われていることも何か関係ありそうだ。それに、遠い過去から実在するのであれば、太陽の裏に隠れ続けていることも不可能に近いはずで、これにも深い意味が隠されていそうな気がする。

複数の星々によって形作られたグランドクロスは、たしかに十字に並ぶことによって少なくともどこかに影響を与えそうな気はする。しかし、これまで多くの予言者たちが地球の滅亡説や天変地異などを唱えてきたわりには、少なくとも今のところは何事も起こっていないようだ。いずれにせよ、まだ明らかにされていない12番惑星の公転速度を変えることは不可能なのだろうか。

地球の軌道上で太陽の裏側ということは、距離にすると地球から太陽の距離の倍になり、かなり遠くに感じるが、逆に考えればとても近い関係にある。どういうことかというと、ある意味では地球か12番惑星ヤハウェか、どちらかの公転速度が将来変わってくることになれば、いつかは地球に近づくはずなのだ。例えば学校の運動場でトラックを走り続けるトップのランナーと周遅れのランナーがだんだんと接近していくように、いつかは出会うはずなのだ。もし本当に「ヤハウェ」が存在するのであれば、この駆けっこと同じような現象が起こるのではないだろうか。

地球にやってきて「人間を創造した」エロヒムたち自身も、遠い昔に他の惑星から飛来した者たちの手で「創造された」ことを知っているのだという。どうやって知ったのかというと、自動的にエロヒムの星に近づいてきた衛星があったが、この衛星の中に先代エロヒムの科学遺産が積み込まれていたのだという。ここで注目すべきは、無人の衛星が近づいたということは、それはおそらくエロヒムの惑星の軌道上に隠されていたものなのではないだろうか！　ということは——。

このサイクルは人類が重大な過ちを犯さない限り、無限の過去から無限の未来へと受け継がれていくのだという。

その継続のために、同じ軌道上の惑星〝ヤハウェ〟が準備されているのではないかと考えられる。つまり、バトンタッチの要領と同じで、大きな意味での世代交代の時期、比嘉さんの言う「これからは〝人の世〟に変わる、宇宙規模での世代交代という時代が近づいてきた」ことを知らせるという意味も含まれていたのではないだろうか。

そのグランドクロスは、惑星ヤハウェの公転速度を変えるためだったのか、悪の世を封じ込めるための合図だったのか、それとも両方ともありうるのか、いずれにせよ近い将来には太陽の裏から新しい惑星が顔を見せる日も近いのかもしれない。

そう考えるとわれわれは今、なんて素晴らしい時代に生きているのだろうか。

## 天地創造

**［天地の初め］**

…昔、天と地がまだ分かれず、陰陽も分かれていないとき、混沌として卵の中身のようであった。闇の中にほのかになにかのきざしがあった。その清く明るいものは、たなびいて天となり、重く濁ったものは固まって地となった。清く細かなものは固まりやすく、重く濁ったものは固まりにくかった。それゆえに、天が最初にできて、後に地が定まった。…

**［日本国土の誕生］**

…天つ神の一同からイザナキの神、イザナミの神に「この漂える国を整え、固めよ」の命があり、天ノ沼矛《ヌボコ》が与えられた。

二人の神は天の浮橋《ウキハシ》に立ち、その沼矛をおろしてかき回すと、塩が「コロコロ」と鳴り、引き上げるとその矛の先から塩が滴り落ち、重なり積もって島となった。これがオノゴロ島である。…

そうして、生んだ子どもは、国土の島々であって、アワジノホノサワケの島（淡路島）、イヨノフタナの島（四国）、オキノミツゴの島（隠岐島）、ツクシの島（九州）、イキの島（壱岐島)、津島、佐渡島、オオヤマトトヨアキヅ島(本州)の八島であり、これを大八島国(おおやしまのくに)という。その他にも、六島を生んだ。……

以上は記紀、古事記と日本書紀の初めに書かれている創造のくだりである。

「天地の初め」には「清く明るいものは、たなびいて天となり、重く濁ったものは固まって地となった」とあるが、これは天にたなびく雲の表現と、大地が誕生するところをイメージさせる。つまり聖書にある、天の水と地の水に分けられるところに似ており、ここではほとんど同時に大地(島)もできあがったかのように書かれている。

そして古事記と日本書紀では、比嘉芳子さんの説と同じく、イザナキの神とイザナミの二神によって島々が「創造されている」。

「…命があり…」というのは、沖縄ではこの二神の上座にいる〝アマミキョウ〟からの命令であろう。比嘉芳子さんは、この天人《アマンチュ》たちは長寿だったために時代と場所によってその呼び名が変わったという。つまり、ヤハウェとアマミキョウは同一人物だと言うのである。

また、「…矛の先から塩が滴り落ち、重なり積もって島となった…」とあるが、これは何度も練って積み重ねられたことを示す表現であり、おそらく石灰岩のことだろう。石灰岩の特徴の一つである横筋状の節理(ライン)は、何度も練って重ねられた痕跡だとも考えられるのだ。石灰岩が海底で生成されたものなら、幾筋ものラインなどできるわけがない。「…これがオノゴロ島である…」。漢字で書くと淤能碁呂で、私はこれまでは生物実験に欠かせない島々の総称ではないかと考えていたが、満足できる答えではなかったと思っている。だからこれらの4つの文字にはどのような秘密が含まれているのかに以前から興味をもち、辞書で一字一字の意味を調べたことがある。淤と能には訓読みでそれらしき意味があるようにも思えるが、碁と呂に関してはまったく何も書かれていなかった。

宮古島の島尻という集落には昔から〝パーントゥ〟という神行事があるが、泥まみれになって行われるこの行事の本来の意味は、泥から島々が「創造された」ことを後世に伝えることにあると比嘉芳子さんは言う(口絵写真参照)。そこで〝淤〟という字を調べてみたら、なんと訓読みは〝ドロ〟とある。

古事記には具体的な島々の名前も書かれているが、淤能碁呂島というのは特定の島の名称ではなさそうで、土や泥で「創られた」島々ということではないだろうか。そこには琉球列島や世界中の島々も含まれているはずである。

比嘉さんは「他の星から来た二人によって、泥を練って創造された山(島)」と言うが、それを聞いて、島々の「創造」の際に沼矛を授かって天から降ってきたイザノミとイザナキを思い浮かべるのは私だけではないだろう。

# 最後に

私は〝十人十色〟という言葉が好きである。これは十人の人がいれば顔も形も思想もすべて異なるという意味である。百人集まれば百様であり、千人集まれば千の考え方があるからこそ、人生は面白いのだ。

行動力と突飛な発想だけが取り柄のような、私の書いたこれまでの文章を読まれて、読者の皆さんはどのように感じられただろうか。

本当は海底遺跡なんてなんでもない地形であり、地球の内部が空洞なわけもない。島や大陸が科学で作れるわけがないし、ましてや人間なんて「創造」できるはずがない。やっぱり人間は猿から進化したという説が正しいのだ——。

このような考えもあって当然である。しかし、逆に私が本書で述べてきた説を否定できる材料は何もないはずなのだ。〝疑わしきば罰せず〟ではないが〝疑わしきは調べてみる〟という考え方も大切ではないだろうか。

DNA、つまり生命の設計図とも言われている遺伝子の研究が急速に進む現在、ある学者は〝偉大なる力〟によって「創造された」のではないかという「創造」説を唱えておられる。

そのように考える学者や著書も増えてきているように感じるが、進化論科学者に比べればまだほんの一握りでしかないのだろう。しかし、そういう人たちの一人でもいいから、異説に対して興味をもってくれればいいと思っている。

今から6年前には私も、慶良間島の海底遺跡の写真を見て「神々の科学の場所であり…人間もここで創造された…」と語った、特殊な霊媒能力の持ち主・比嘉芳子さんの言葉を端から馬鹿にしていたが、今ではその言葉の意味が理解できるようになってきた。そして「その場所がなんなのかより、なぜ今、そのような発見があるのかという謎を解け…」という言葉も、耳に焼きついている。

今、この言葉を再認識してみると、その海底遺跡のような地形が重要なのではなく、その言葉を一つのキーワードとして私に何かを悟れ！ と言っていたかのようなニュアンスだった。

もし、比嘉さんとの出会いがなかったら、海底遺跡の第一発見者であるということで天狗になっていたかもしれないし、6年を過ぎた今でもまだ同じ場所を潜って同じ調査を続けていたかもしれない。そのことを考えると、本当にありがたい言葉だったと思っている。

一方で、同じ頃、エロヒムから全人類に向けた重大なメッセージを授けられた最後の預言者〝ラエル〟の書いた『真実を告げる書』との出会いもあった。そこに書かれていた、エロヒムのメッセージに触れたときの衝撃は、今でも忘れられない。

それは、これまで私が書いてきたような生命や大陸の「創造」について書かれており、比嘉芳子さんの言う「科学の時代の到来」をも告げる内容であったからだ。

本書の内容を〝異端的〟と感じられた読者もいらしたかもしれないが、その根底には『真実を告げる書』の内容と比嘉芳子さんの影なるアドバイスが含まれていたのである。私の書いた内容が正しいかどうかは別として、エロヒムによって「創造された」という真実を当時の人たちに書かせたのが聖書や古事記であり、生物が出現した年代が若いということは、地形の出現も若いはずなのである。

その聖書を含めたあらゆる宗教聖典には、まるで示し合わせたかのように過去の偉大なる預言者たちの復活や、神々の再来が告げられている。その「神々」すなわち「創造者」(エロヒム)は、できるだけエルサレムの近くに大使館を建てるように要求している。それを受けた最後の預言者・ラエルは、国連に加盟しているすべての国に大使館建設のための要請を行った。すると、なんとそのうちの3つの国が交渉を受け入れ、確定が間近になっている。

大使館完成の暁には、彼らは世界中の報道機関の代表の前に降り立ち、みんなの前に姿を現すことを望んでいる。つまり、驚くべきことに飛来することを公に約束しているわけだ。その飛来のときが今刻々と近づいてきているのである。科学と古代宗教が完全に一致しようとしている時代に、人はどうしてこれらの事実を信じることができないのだろうか。

海底遺跡から始まった私の新しいライフワークは、これまでの趣味とはまったくかけ離れた地質学や生命に関する遺伝子学、さらには宇宙に関する分野へと広がっていった。おそらく皆さんが本書を読まれているその日にも、私はどこかの海岸を歩いているか、御嶽めぐりをしているだろうか。世界の各地にある古代遺跡にも興味はあるが、とにかく当分の間は琉球列島から出られそうもない。

これからも海底遺跡と呼ばれるような地形の発見や、陸上での新たなる遺跡や遺物の発見などが続くだろうし、目を空に転じれば、創造者たちの乗り物である円盤の目撃も増えてくるだろう。エロヒムのバトンがきちんと受け取れるように、心の準備も大切であろう。

はじめにも書いたように海底遺跡とＵＦＯは、このように結びついてくるわけである。

ＡＨ55年（２０００年）10月7日

＊ＡＨとはアフター・ヒロシマのことです。

〈著者プロフィール〉
谷口 光利（タニグチ　ミツトシ）

1948年愛媛県松野町出身。1973年4月1日（日）24才ではじめて沖縄の地を踏み、楽園を満喫する傍ら潜水漁業に従事し、琉球列島の各島々を潜り、その頃に見た慶良間の海底遺跡を1994年から調査しはじめたときから不思議なドラマが展開されることになる。
現在は宮古島でペンションとダイビングショップを経営している。
1997年8月に著書『竜宮の謎』（たま出版）を出版
1998年4月に写真集『竜宮の詩』①～②を出版
1999年4月に『竜宮の謎Ⅱ』（たま出版）を出版
URL：http://www.miyakojima.ne.jp/mu/kaiteiiseki.htm

写真提供・谷口修（ダイビングサービス・マリーン）

---

**神々の爪痕**

初版発行――2000年11月1日

著　者――谷口光利
発行者――細畠保彦
発行所――株式会社たま出版
〒112-0004　東京都文京区後楽2-23-12
電話　03-3814-2491（営業）
03-3560-1536（編集）

印刷所――東洋経済印刷株式会社

ISBN 4-8127-0132-5 C0011